煤矿其他从业人员安全培训系列教材

2022 版《煤矿安全规程》配套教材

地面生产保障、其他管理及后勤服务作业安全培训教材

蒋　恒　主编

中国矿业大学出版社

·徐州·

内 容 提 要

本教材依据《煤矿安全培训规定》(国家安全生产监督管理总局令第 92 号)的相关要求、河南省工业和信息化厅制定的《河南省煤矿其他从业人员培训大纲和考核标准(试行)》、2022版《煤矿安全规程》等相关内容组织编写。内容包括 4 部分,第一部分是通用知识,包括煤矿井下从业人员安全素质基本要求、安全技术基础知识和安全操作技能通用知识(共分 7 个模块);第二部分是地面生产保障作业,包括地面生产保障作业安全技术基础知识、安全操作技能和典型事故案例(共分 3 个模块);第三部分是其他管理作业,包括其他管理作业安全技术基础知识、安全操作技能和典型事故案例(共分 3 个模块);第四部分是后勤服务作业,包括后勤服务作业安全技术基础知识、安全操作技能和典型事故案例(共分 3 个模块)。

本教材是煤矿地面生产保障、其他管理及后勤服务作业安全培训教材,也可供煤矿企业的管理人员、工程技术人员和相关人员学习和参考。

图书在版编目(CIP)数据

地面生产保障、其他管理及后勤服务作业安全培训教
材 / 蒋恒主编. —徐州 :中国矿业大学出版社,2022.9
　　ISBN　978-7-5646-5336-1

　　Ⅰ.①地… Ⅱ.①蒋… Ⅲ.①煤矿—矿山安全—安全
培训—教材 Ⅳ.①TD7

中国版本图书馆 CIP 数据核字(2022)第 052596 号

书　　名	地面生产保障、其他管理及后勤服务作业安全培训教材
主　　编	蒋　恒
责任编辑	吴学兵
出版发行	中国矿业大学出版社有限责任公司
	(江苏省徐州市解放南路　邮编 221008)
营销热线	(0516)83884103　83885105
出版服务	(0516)83885312　83884920
网　　址	http://www.cumt.com　E-mail:cumtpvip@cumtp.com
印　　刷	江苏淮阴新华印务有限公司
开　　本	880 mm×1240 mm　1/32　印张 8.75　字数 269 千字
版次印次	2022 年 9 月第 1 版　2022 年 9 月第 1 次印刷
定　　价	30.00 元

(图书出现印装质量问题,本社负责调换)

《地面生产保障、其他管理及后勤服务作业安全培训教材》
编委会

《地面生产保障、其他管理及后勤服务作业安全培训教材》
编写领导小组

组　　长：杨风才

副组长：黄学志

成　　员：王洪洋　张志春　卢　杰　刘学功
　　　　　郝明月　魏永建　孙宏权　王智玉
　　　　　陈树涛　郝永科　刘怀艳　黄社涛
　　　　　王玉刚　郭　宁

《地面生产保障、其他管理及后勤服务作业安全培训教材》
编写人员名单

主　　编：蒋　恒

副 主 编：黄学志　　刘学功　　李　涛　　郭　宁
　　　　　王　飞

参编人员：张　晗　　吴晓健　　胡永新　　卢　杰
　　　　　王丙成　　赵新闻　　陈建明　　杨相柏
　　　　　梁大华　　张全义　　袁高伟　　谢东辰
　　　　　杨学亚　　种波凯　　曹海宏　　王玉刚
　　　　　刘恩波　　申永三　　郑兰中　　樊东坡
　　　　　王　磊　　曲宏辉　　王　浩　　许淑真
　　　　　郭鸿雁　　高凤波　　王　诚　　谭俊杰
　　　　　弓　巍　　蒋　慧　　吴永莉　　刘爱景

前　　言

为适应煤矿其他从业人员安全培训工作的实际需要,依据《煤矿安全培训规定》(国家安全生产监督管理总局令第 92 号)、河南省工业和信息化厅制定的《河南省煤矿其他从业人员培训大纲和考核标准(试行)》、2022 版《煤矿安全规程》、《国家煤矿安全监察局关于印发〈煤矿安全生产标准化管理体系考核定级办法(试行)〉和〈煤矿安全生产标准化管理体系基本要求及评分方法(试行)〉的通知》(煤安监行管〔2020〕16 号)等法律、法规和行业相关标准,在深入调研和广泛征求煤矿开展地面生产保障、其他管理及后勤服务作业人员安全培训意见的基础上,本着针对性、实用性和前瞻性的要求,结合煤矿安全生产实际,我们组织编写了《地面生产保障、其他管理及后勤服务作业安全培训教材》。

《关于高危行业领域安全技能提升行动计划的实施意见》(应急〔2019〕107 号)和《河南省高危行业领域安全技能提升行动实施方案》(豫应急〔2020〕13 号)要求开发编写分层次、分专业、分岗位的煤矿其他从业人员统一教材和考试题库,为此,按照河南省工业和信息化厅统一安排部署,由河南能源永煤公司职工培训学校负责本教材的组织编写工作。本教材由蒋恒任主编,刘学功、王丙成等负责组稿、统稿和修改。

本教材内容分 4 部分 16 个模块:第一部分是通用知识,包括煤矿井下从业人员安全素质基本要求、安全技术基础知识和安全操作技能通用知识(共分 7 个模块);第二部分是地面生产保障作业,包括地面生产保障作业安全技术基础知识、安全操作技能和典型事故案例(共分 3 个模块);第三部分是其他管理作业,包括其他管理作业安全技术基础知识、安全操作技能和典型事故案例（共分3个模块）；第四部分是后勤服务作业，包括后勤服务作业安全技术基础知识、安全操作技能和典型事故案例（共分3个模块）。本教材主要有以下特点：

（1）本教材本着煤矿地面生产保障、其他管理及后勤服务作业安全培训的实际要求，突出相关作业人员安全素质提高和操作技能提升，知识全面丰富。

（2）严格按照2022版《煤矿安全规程》、2020版《煤矿安全生产标准化管理体系基本要求及评分方法（试行）》，以及最近几年国家颁布实施的一系列法律、法规编写，有针对性地增加了新的实用性知识，符合当前煤矿生产发展的特点。

（3）本教材进行了形式上的创新，将知识改编成安全素质基本要求、安全技术基础知识和安全操作技能，将单纯的知识传授转变为知识与技能学习，并且按照模块来编写，这样既方便教师系统梳理专业知识及备课、授课，又方便职工阅读学习。本教材层次分明、专业清晰、系统科学，可以作为工具书使用以随时查阅相关的内容。

（4）本教材进行了数字化创新，配套相关操作视频及数字题库，可利用手机扫码观看操作视频、在线答题，便于学员自我检测培训效果和随时学习巩固培训内容。

为了便于阅读，书中法律名称均省去"中华人民共和国"，用简称。

本教材是煤矿地面生产保障、其他管理及后勤服务作业安全培训教材，也可供煤矿企业的管理人员、工程技术人员和相关人员学习和参考。

限于编者水平，书中难免有不妥之处，敬请广大读者批评指正。

编　者

2022年9月

目　　录

第二部分　地面生产保障作业

第三部分	其他管理作业

第四部分	后勤服务作业

第一部分　通用知识

煤矿井下从业人员安全素质基本要求

安全技术基础知识

安全操作技能通用知识

模块一　法律法规常识

安全素质基本要求一　安全生产方针与法律法规

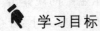 学习目标

1. 了解我国的安全生产方针。

2. 了解《安全生产法》等法律中有关安全生产的规定。

3. 了解《生产安全事故报告和调查处理条例》等行政法规有关安全生产的规定。

4. 了解《煤矿安全规程》等安全生产规章、细则、行业标准有关安全生产的规定。

5. 学会用法律法规知识保护自己的安全与权益。

安全素质基本要求相关知识

一、安全生产方针

"安全第一、预防为主、综合治理"是开展安全生产管理工作总的指导方针,是长期实践的经验总结。这一方针反映了我们党和国家对安全生产规律的认识,是指导企业安全生产工作总的指导思想和行动准则,所以,企业必须认真贯彻落实"安全第一、预防为主、综合治理"的安全生产方针。

(1)"安全第一"的含义。"安全第一"说明的是安全与生产、效益及其他活动的关系,强调在从事生产经营活动中要突出抓好安全,始终不忘把安全工作与其他经济活动同时安排、同时部署,当安全工作与其

他活动发生冲突与矛盾时,其他活动要服从安全,绝不能以牺牲人的生命、健康、财产损失为代价换取发展和效益。

(2)"预防为主"的含义。"预防为主"是对"安全第一"思想的深化,就是把安全生产工作的关口前移、重心下移、超前防范,建立预教、预测、预想、预报、预警、预防的递进式、立体式事故隐患预防体系,以隐患排查治理和建设本质安全为目标,实现事故的预先防范体制,改善安全状况,预防事故发生。

(3)"综合治理"的含义。将"综合治理"纳入安全生产方针,标志着对安全生产的认识上升到一个新的高度,是贯彻落实科学发展观的具体体现,秉承"安全发展"的理念,从遵循和适应安全生产的规律出发,综合运用法律、经济、行政等手段,人管、法管、技防等多管齐下,并充分发挥社会、职工、舆论的监督作用,从责任、制度、培训等多方面着力,形成标本兼治、齐抓共管的格局。

(4)"安全第一、预防为主、综合治理"的关系。"安全第一、预防为主、综合治理"是一个完整的体系,是相辅相成、辩证统一的整体。安全第一是原则,预防为主是手段,综合治理是方法。安全第一是预防为主、综合治理的统帅和灵魂,没有安全第一的思想,预防为主就失去了思想支撑,综合治理就失去了整治依据。预防为主是实现安全第一的根本途径。只有把安全生产的重点放在建立事故预防体系上,超前采取措施,才能有效防止和减少事故。只有采取综合治理,才能实现人、机、物、环境的统一,实现本质安全,真正把安全第一、预防为主落到实处。

二、煤矿安全生产相关法律法规

在我国,以《安全生产法》为龙头,以相关法律、行政法规、部门规章、地方性法规、地方行政规章和其他规范性文件以及安全生产国家标准、行业标准为主体的安全生产法律法规体系已经初步形成,而且还在不断健全和完善,促进了安全生产管理工作的规范化、制度化和科学化。与煤矿安全生产相关的法律法规见表1-1。

表1-1 煤矿安全生产相关法律法规

序号	名称		制定机关	主要法律法规
1	法律		全国人民代表大会及其常务委员会	《刑法》《安全生产法》《矿山安全法》《矿产资源法》《煤炭法》《职业病防治法》《劳动法》《劳动合同法》等
2	法规	行政法规	国务院	《煤矿安全监察条例》《安全生产许可证条例》《工伤保险条例》《矿山安全法实施条例》《国务院关于特大安全事故行政责任追究的规定》《国务院关于预防煤矿生产安全事故的特别规定》《生产安全事故报告和调查处理条例》《企业职工伤亡事故报告和处理规定》等
		地方性法规	地方人民代表大会及其常务委员会	《河南省安全生产条例》等
3	规章	行政规章	国务院所属部委	《煤矿安全规程》《煤矿救护规程》《爆破安全规程》《安全生产事故隐患排查治理暂行规定》《生产经营单位安全培训规定》《煤矿安全培训规定》《特种作业人员安全技术培训考核管理规定》《煤矿企业安全生产许可证实施办法》《煤矿安全生产基本条件规定》《安全生产违法行为行政处罚办法》等
		地方性规章	地方政府所属部门	《河南省煤矿水害防治工作若干规定（试行）》《河南省煤炭经营监督管理实施细则》等

表 1-1(续)

序号	名称		制定机关	主要法律法规
4	标准	国家标准(GB)	国务院标准化行政主管部门	《安全色》(GB 2893—2008)、《安全标志及其使用导则》(GB 2894—2008)、《矿山安全标志》(GB 14161—2008)等
		行业标准(AQ、MT 等)	国务院有关行政主管部门	《矿井瓦斯等级鉴定规范》(AQ 1025—2006)、《煤矿井工开采通风技术条件》(AQ 1028—2006)、《煤矿井下安全标志》(AQ 1017—2005)等
5	规范性文件			《关于加强煤矿班组安全生产建设的指导意见》《关于加强国有重点煤矿安全基础管理的指导意见》等

（一）安全生产法律

1.《安全生产法》

《安全生产法》是为了加强安全生产工作,防止和减少生产安全事故,保障人民群众生命和财产安全,促进经济社会持续健康发展而制定的,自 2002 年 11 月 1 日起施行。根据 2021 年 6 月 10 日第十三届全国人民代表大会常务委员会第二十九次会议《关于修改〈中华人民共和国安全生产法〉的决定》第三次修正,自 2021 年 9 月 1 日起施行。内容包括总则、生产经营单位的安全生产保障、从业人员的安全生产权利义务、安全生产的监督管理、生产安全事故的应急救援与调查处理、法律责任和附则等。

（1）生产经营单位的从业人员有依法获得安全生产保障的权利,并应当依法履行安全生产方面的义务。

（2）国家对在改善安全生产条件、防止生产安全事故、参加抢险救护等方面取得显著成绩的单位和个人，给予奖励。

（3）生产经营单位应当具备该法和有关法律、行政法规和国家标准或者行业标准规定的安全生产条件；不具备安全生产条件的，不得从事生产经营活动。

（4）生产经营单位的全员安全生产责任制应当明确各岗位的责任人员、责任范围和考核标准等内容。生产经营单位应当建立相应的机制，加强对全员安全生产责任制落实情况的监督考核，保证全员安全生产责任制的落实。

（5）矿山、金属冶炼、建筑施工、运输单位和危险物品的生产、经营、储存、装卸单位，应当设置安全生产管理机构或者配备专职安全生产管理人员。

（6）生产经营单位应当对从业人员进行安全生产教育和培训，保证从业人员具备必要的安全生产知识，熟悉有关的安全生产规章制度和安全操作规程，掌握本岗位的安全操作技能，了解事故应急处理措施，知悉自身在安全生产方面的权利和义务。未经安全生产教育和培训合格的从业人员，不得上岗作业。

生产经营单位应当建立安全生产教育和培训档案，如实记录安全生产教育和培训的时间、内容、参加人员以及考核结果等情况。

（7）生产经营单位采用新工艺、新技术、新材料或者使用新设备，必须了解、掌握其安全技术特性，采取有效的安全防护措施，并对从业人员进行专门的安全生产教育和培训。

（8）国家对严重危及生产安全的工艺、设备实行淘汰制度。生产经营单位不得使用应当淘汰的危及生产安全的工艺、设备。

（9）生产经营单位对重大危险源应当登记建档，进行定期检测、评估、监控，并制定应急预案，告知从业人员和相关人员在紧急情况下应当采取的应急措施。

（10）生产经营单位必须为从业人员提供符合国家标准或者行业标准的劳动防护用品，并监督、教育从业人员按照使用规则佩戴、使用。

（11）生产经营单位必须依法参加工伤保险，为从业人员缴纳保险费。

（12）生产经营单位与从业人员订立的劳动合同，应当载明有关保障从业人员劳动安全、防止职业危害的事项，以及依法为从业人员办理工伤保险的事项。

生产经营单位不得以任何形式与从业人员订立协议，免除或者减轻其对从业人员因生产安全事故伤亡依法应承担的责任。

（13）生产经营单位的从业人员有权了解其作业场所和工作岗位存在的危险因素、防范措施及事故应急措施，有权对本单位的安全生产工作提出建议。

（14）从业人员有权对本单位安全生产工作中存在的问题提出批评、检举、控告；有权拒绝违章指挥和强令冒险作业。

生产经营单位不得因从业人员对本单位安全生产工作提出批评、检举、控告或者拒绝违章指挥、强令冒险作业而降低其工资、福利等待遇或者解除与其订立的劳动合同。

（15）从业人员发现直接危及人身安全的紧急情况时，有权停止作业或者在采取可能的应急措施后撤离作业场所。

生产经营单位不得因从业人员在前款紧急情况下停止作业或者采取紧急撤离措施而降低其工资、福利等待遇或者解除与其订立的劳动合同。

（16）生产经营单位发生生产安全事故后，应当及时采取措施救治有关人员。

因生产安全事故受到损害的从业人员，除依法享有工伤保险外，依照有关民事法律尚有获得赔偿的权利的，有权提出赔偿要求。

（17）从业人员在作业过程中，应当严格落实岗位安全责任，遵守本单位的安全生产规章制度和操作规程，服从管理，正确佩戴和使用劳动防护用品。

（18）工会有权对建设项目的安全设施与主体工程同时设计、同时施工、同时投入生产和使用进行监督，提出意见。

工会对生产经营单位违反安全生产法律、法规，侵犯从业人员合法权益的行为，有权要求纠正；发现生产经营单位违章指挥、强令冒险作业或者发现事故隐患时,有权提出解决的建议,生产经营单位应当及时研究答复;发现危及从业人员生命安全的情况时,有权向生产经营单位建议组织从业人员撤离危险场所,生产经营单位必须立即作出处理。

工会有权依法参加事故调查,向有关部门提出处理意见,并要求追究有关人员的责任。

(19)生产经营单位对负有安全生产监督管理职责的部门的监督检查人员依法履行监督检查职责,应当予以配合,不得拒绝、阻挠。

(20)负有安全生产监督管理职责的部门应当建立举报制度,公开举报电话、信箱或者电子邮件地址等网络举报平台,受理有关安全生产的举报;受理的举报事项经调查核实后,应当形成书面材料;需要落实整改措施的,报经有关负责人签字并督促落实。对不属于本部门职责,需要由其他有关部门进行调查处理的,转交其他有关部门处理。

涉及人员死亡的举报事项,应当由县级以上人民政府组织核查处理。

(21)生产经营单位发生生产安全事故后,事故现场有关人员应当立即报告本单位负责人。

单位负责人接到事故报告后,应当迅速采取有效措施,组织抢救,防止事故扩大,减少人员伤亡和财产损失,并按照国家有关规定立即如实报告当地负有安全生产监督管理职责的部门,不得隐瞒不报、谎报或者迟报,不得故意破坏事故现场、毁灭有关证据。

2.《劳动法》

《劳动法》是为了保护劳动者的合法权益,调整劳动关系,建立和维护适应社会主义市场经济的劳动制度,促进经济发展和社会进步而制定的,自1995年1月1日起施行。根据2018年12月29日第十三届全国人民代表大会常务委员会第七次会议《关于修改〈中华人民共和国劳动法〉等七部法律的决定》第二次修正。

《劳动法》规定了劳动者享有的基本权利和义务。劳动者享有平等就业和选择职业的权利、取得劳动报酬的权利、休息休假的权利、获得劳动安全卫生保护的权利、接受职业技能培训的权利、享受社会保险和福利的权利、提请劳动争议处理的权利以及法律规定的其他劳动权利。

劳动者应当完成劳动任务,提高职业技能,执行劳动安全卫生规程,遵守劳动纪律和职业道德。

国家实行劳动者每日工作时间不超过8小时、平均每周工作时间不超过44小时的工时制度。用人单位应当保证劳动者每周至少休息一日。劳动者连续工作一年以上的,享受带薪年休假。用人单位与劳动者发生劳动争议,当事人可以依法申请调解、仲裁、提起诉讼,也可以协商解决。

休息日安排劳动者工作又不能安排补休的,支付不低于工资的200%的工资报酬。

《劳动法》规定禁止用人单位招用未满16周岁的未成年人。

3.《劳动合同法》

《劳动合同法》是为了完善劳动合同制度,明确劳动合同双方当事人的权利和义务,保护劳动者的合法权益,构建和发展和谐稳定的劳动关系而制定的,自2008年1月1日起施行。该法修正案于2012年12月28日通过,自2013年7月1日起施行。

《劳动合同法》规定,订立劳动合同,应当遵循合法、公平、平等自愿、协商一致、诚实信用的原则。用人单位招用劳动者时,应当如实告知劳动者工作内容、工作条件、工作地点、职业危害、安全生产状况、劳动报酬,以及劳动者要求了解的其他情况;用人单位有权了解劳动者与劳动合同直接相关的基本情况,劳动者应当如实说明。

劳动合同应当具备以下条款:① 用人单位的名称、住所和法定代表人或者主要负责人;② 劳动者的姓名、住址和居民身份证或者其他有效身份证件号码;③ 劳动合同期限;④ 工作内容和工作地点;⑤ 工作时间和休息休假;⑥ 劳动报酬;⑦ 社会保险;⑧ 劳动保护、劳动条件和职业危害防护;⑨ 法律、法规规定应当纳入劳动合同的其他事项。

劳动合同期限3个月以上不满1年的,试用期不得超过1个月;劳动合同期限1年以上不满3年的,试用期不得超过2个月;3年以上固定期限和无固定期限的劳动合同,试用期不得超过6个月。劳动者在试用期的工资不得低于本单位相同岗位最低档工资或者劳动合同约定工资的百分之八十,并不得低于用人单位所在地的最低工资标准。

劳动者拒绝用人单位管理人员违章指挥、强令冒险作业的不视为违反劳动合同。

4.《刑法修正案(十一)》

《刑法》是规定犯罪、刑事责任和刑罚的法律,是追究安全生产违法犯罪行为刑事责任的重要依据。

2020年12月26日,第十三届全国人民代表大会常务委员会第二十四次会议通过《中华人民共和国刑法修正案(十一)》,自2021年3月1日起施行。其中涉及安全生产的主要内容如下:

"强令他人违章冒险作业,或者明知存在重大事故隐患而不排除,仍冒险组织作业,因而发生重大伤亡事故或者造成其他严重后果的,处五年以下有期徒刑或者拘役;情节特别恶劣的,处五年以上有期徒刑。"

"在生产、作业中违反有关安全管理的规定,有下列情形之一,具有发生重大伤亡事故或者其他严重后果的现实危险的,处一年以下有期徒刑、拘役或者管制:

"(一)关闭、破坏直接关系生产安全的监控、报警、防护、救生设备、设施,或者篡改、隐瞒、销毁其相关数据、信息的;

"(二)因存在重大事故隐患被依法责令停产停业、停止施工、停止使用有关设备、设施、场所或者立即采取排除危险的整改措施,而拒不执行的;

"(三)涉及安全生产的事项未经依法批准或者许可,擅自从事矿山开采、金属冶炼、建筑施工,以及危险物品生产、经营、储存等高度危险的生产作业活动的。"

5.《职业病防治法》

《职业病防治法》是为了预防、控制和消除职业病危害,防治职业病,保护劳动者健康及其相关权益,促进经济发展而制定的,自2002年5月1日起施行。根据2018年12月29日第十三届全国人民代表大会常务委员会第七次会议《关于修改〈中华人民共和国劳动法〉等七部法律的决定》第四次修正。

《职业病防治法》规定,职业病防治工作坚持预防为主、防治结合的方针,建立用人单位负责、行政机关监管、行业自律、职工参与和社会监管的机制,实行分类管理、综合治理。劳动者依法享有职业卫生保护的权利。

该法所称职业病,是指企业、事业单位和个体经济组织等用人单位的劳动者在职业活动中,因接触粉尘、放射性物质和其他有毒、有害因素而引起的疾病。

(二)安全生产行政法规

1.《生产安全事故报告和调查处理条例》

《生产安全事故报告和调查处理条例》是为了规范生产安全事故的报告和调查处理,落实生产安全事故责任追究制度,防止和减少生产安全事故而制定的,自2007年6月1日起施行。

该条例将事故划分为特别重大事故、重大事故、较大事故和一般事故4个等级。

事故报告应当及时、准确、完整,任何单位和个人对事故不得迟报、漏报、谎报或者瞒报。事故发生后,事故现场有关人员应当立即向本单位负责人报告;单位负责人接到报告后,应当于1小时内向事故发生地县级以上人民政府安全生产监督管理部门和负有安全生产监督管理职责的有关部门报告。

2.《工伤保险条例》

《工伤保险条例》是为了保障因工作遭受事故伤害或者患职业病的职工获得医疗救治和经济补偿,促进工伤预防和职业康复,分散用人单位的工伤风险而制定的,自2004年1月1日起施行,2010年12月20日进行了修订,自2011年1月1日起施行。

《工伤保险条例》内容包括总则、工伤保险基金、工伤认定、劳动能力鉴定、工伤保险待遇、监督管理、法律责任等。

该条例规定用人单位应当按时缴纳工伤保险费,职工个人不缴纳工伤保险费;职工因工作遭受事故伤害或者患职业病进行治疗,享受工伤医疗待遇;职工因工作遭受事故伤害或者患职业病需要暂停工作接受工伤医疗的,在停工留薪期内,原工资福利待遇不变,由所在单位按月支付;生活不能自理的工伤职工在停工留薪期需要护理的,由所在单位负责。

　　职工有下列情形之一的,应当认定为工伤:① 在工作时间和工作场所内,因工作原因受到事故伤害的。② 工作时间前后在工作场所内,从事与工作有关的预备性或者收尾性工作受到事故伤害的。③ 在工作时间和工作场所内,因履行工作职责受到暴力等意外伤害的。④ 患职业病的。⑤ 因工外出期间,由于工作原因受到伤害或者发生事故下落不明的。⑥ 在上下班途中,受到非本人主要责任的交通事故或者城市轨道交通、客运轮渡、火车事故伤害的。⑦ 法律、行政法规规定应当认定为工伤的其他情形。

　　职工有下列情形之一的,不得认定为工伤或者视同工伤:① 故意犯罪的;② 醉酒或者吸毒的;③ 自残或者自杀的。

　　(三)安全生产规章、细则、行业标准

　　1.《煤矿安全规程》

　　《煤矿安全规程》是煤矿企业必须遵守的法定规程,其制定目的是保障煤矿安全生产和从业人员的人身安全与健康,防止煤矿事故与职业病危害。2022版《煤矿安全规程》根据《应急管理部关于修改〈煤矿安全规程〉的决定》修订,自2022年4月1日起施行。

　　第四条　从事煤炭生产与煤矿建设的企业(以下统称煤矿企业)必须遵守国家有关安全生产的法律、法规、规章、规程、标准和技术规范。

　　煤矿企业必须加强安全生产管理,建立健全各级负责人、各部门、各岗位安全生产与职业病危害防治责任制。

　　煤矿企业必须建立健全安全生产与职业病危害防治目标管理、投入、奖惩、技术措施审批、培训、办公会议制度,安全检查制度,安全风险分级管控工作制度,事故隐患排查、治理、报告制度,事故报告与责任追究制度等。

　　煤矿企业必须制定重要设备材料的查验制度,做好检查验收和记录,防爆、阻燃抗静电、保护等安全性能不合格的不得入井使用。

　　煤矿企业必须建立各种设备、设施检查维修制度,定期进行检查维修,并做好记录。

　　煤矿必须制定本单位的作业规程和操作规程。

　　第八条　……从业人员有权制止违章作业,拒绝违章指挥;当工作地点出现险情时,有权立即停止作业,撤到安全地点;当险情没有得到处理不能保证人身安全时,有权拒绝作业。

从业人员必须遵守煤矿安全生产规章制度、作业规程和操作规程,严禁违章指挥、违章作业。

2.《防治煤与瓦斯突出细则》

为了加强防治煤(岩)与瓦斯(二氧化碳)突出的工作,预防煤矿事故,保障从业人员生命安全,原国家煤矿安全监察局于2019年7月16日颁布了《防治煤与瓦斯突出细则》,自2019年10月1日起施行。

第四十一条 突出矿井的管理人员和井下工作人员必须接受防突知识的培训,经考试合格后方可上岗作业。

各类人员的培训达到下列要求:

(1)突出矿井的井下工作人员的培训包括防突基本知识以及与本岗位相关的防突规章制度。

(2)突出矿井的区(队)长、班组长和有关职能部门的工作人员应当全面熟悉两个"四位一体"综合防突措施、防突的规章制度等内容。

(3)突出矿井的防突工属于特种作业人员,必须接受防突知识、操作技能的专门培训,并取得特种作业操作证。

(4)有突出矿井的煤矿企业技术负责人和突出矿井的矿长、总工程师应当接受防突专项培训,具备突出矿井的安全生产知识和管理能力。

第四十二条 突出矿井的矿长、总工程师、防突机构和安全管理机构负责人、防突工应当满足下列要求:

矿长、总工程师应当具备煤矿相关专业大专及以上学历,具有3年以上煤矿相关工作经历;

防突机构和安全管理机构负责人应当具备煤矿相关中专及以上学历,具有2年以上煤矿相关工作经历;

防突机构应当配备不少于2名专业技术人员,具备煤矿相关专业中专及以上学历;

防突工应当具备初中及以上文化程度(新上岗的煤矿特种作业人员应当具备高中及以上文化程度),具有煤矿相关工作经历,或者具备职业高中、技工学校及中专以上相关专业学历。

3.《煤矿防灭火细则》

为了加强煤矿防灭火工作,有效防控煤矿火灾事故,保障煤矿安全生产及从业人员生命和健康,国家矿山安全监察局于 2021 年 10 月 12 日颁布了《煤矿防灭火细则》,自 2022 年 1 月 1 日起施行。

第三条 煤矿企业、煤矿的主要负责人(法定代表人、实际控制人)是本单位防灭火工作的第一责任人,总工程师是防灭火工作的技术负责人。

煤矿企业、煤矿应当明确防灭火工作负责部门,建立健全防灭火管理制度和各级岗位责任制度。开采容易自燃和自燃煤层的矿井应当配备满足需要的防灭火专业技术人员。

第五条 开采容易自燃和自燃煤层的矿井,必须建立注浆系统或者注惰性气体防火系统,并建立煤矿自然发火监测系统。

第九条 煤矿企业、煤矿必须对从业人员进行防灭火教育和培训,定期对防灭火专业技术人员进行培训,提高其防灭火工作技能和有效处置火灾的应急能力。

第十一条 鼓励煤矿企业、煤矿和科研单位开展煤矿火灾防治科技攻关,研发、推广新技术、新工艺、新材料、新装备,提高煤矿火灾防治能力和智能化水平。

第三十八条 井下严格实行明火管制,并符合下列规定:

(一)严禁在采掘工作面进行电焊、气割等动火作业。

(二)严禁携带烟草和点火物品,严禁穿化纤衣服入井。

(三)井下严禁使用灯泡取暖和使用电炉。

(四)井下爆破作业时,应当按照矿井瓦斯等级选用煤矿许用炸药和雷管,并严格按施工工艺进行爆破。

(五)井口和井下电气设备必须装设防雷击和防短路的保护装置。

第八十五条 当井下发现自然发火征兆时,必须停止作业,立即采取有效措施处置。在发火征兆不能得到有效控制时,必须撤出人员,封闭危险区域。进行封闭施工作业时,其他区域所有人员必须全部撤出。

第八十九条 任何人发现井下火灾时,应当视火灾性质、灾区通风和瓦斯情况,立即采取一切可能的方法直接灭火,控制火势,并迅速报告矿调度室。矿调度室在接到井下火灾报告后,应当立即按灾害预防和处理计划通知有关人员组织抢救灾区人员和实施灭火工作。

矿值班调度和在现场的区、队、班组长应当依照灾害预防和处理计划的规定,将所有可能受火灾威胁区域中的人员撤离,并组织人员灭火。电气设备着火时,应当首先切断其电源;在切断电源前,必须使用不导电的灭火器材进行灭火。

抢救人员和灭火过程中,必须指定专人检查甲烷、一氧化碳、煤尘以及其他有害气体浓度和风向、风量的变化,并采取防止瓦斯、煤尘爆炸和人员中毒的安全措施。

4.《煤矿安全生产标准化管理体系考核定级办法(试行)》和《煤矿安全生产标准化管理体系基本要求及评分方法(试行)》

为贯彻执行《安全生产法》关于"推进安全生产标准化建设"的规定,原国家煤矿安全监察局组织制定了《煤矿安全生产标准化管理体系考核定级办法(试行)》和《煤矿安全生产标准化管理体系基本要求及评分方法(试行)》(煤安监行管〔2020〕16号),要求煤矿企业按照新标准化管理体系开展达标创建,进一步深入推进煤矿安全生产标准化管理体系建设深入开展。

1)《煤矿安全生产标准化管理体系考核定级办法(试行)》相关内容

(1)《煤矿安全生产标准化管理体系考核定级办法(试行)》规定,煤矿安全生产标准化管理体系考核等级分为一级、二级、三级3个等级,所应达到的要求为:

一级:煤矿安全生产标准化管理体系考核加权得分及各部分得分均不低于90分,且不存在下列情形:① 井工煤矿井下单班作业人数超过有关限员规定的;② 发生生产安全死亡事故,自事故发生之日起,一般事故未满1年、较大及重大事故未满2年、特别重大事故未满3年的;③ 安全生产标准化管理体系一级检查考核未通过,自考核定级部门检查之日起未满1年的;④ 因管理滑坡或存在重大事故隐患且组织生产被降级或撤销等级未满1年的;⑤ 露天煤矿采煤对外承包的,或将剥离工程承包给 2 家(不含)以上施工单位的;⑥ 被列入安全生产"黑名单"或在安全生产联合惩戒期内的;⑦ 井下违规使用劳务派遣工的。

二级:煤矿安全生产标准化管理体系考核加权得分及各部分得分均不低于 80 分,且不存在下列情形:① 井工煤矿井下单班作业人数超过有关限员规定的;② 发生生产安全死亡事故,自事故发生之日起,一般事故未满半年、较大及重大事故未满 1 年、特别重大事故未满 3 年的;③ 因存在重大事故隐患且组织生产被撤销等级未满半年的;④ 被列入安全生产"黑名单"或在安全生产联合惩戒期内的。

三级:煤矿安全生产标准化管理体系考核加权得分及各部分得分均不低于 70 分。

(2)煤矿安全生产标准化管理体系等级实行分级考核定级。

申报一级的煤矿由省级煤矿安全生产标准化工作主管部门组织初审,国家煤矿安全监察局组织考核定级。申报二级、三级的煤矿的初审和考核定级部门由省级煤矿安全生产标准化工作主管部门确定。

(3)煤矿安全生产标准化管理体系考核定级按照企业自评申报、初审、考核、公示、公告的程序进行。煤矿安全生产标准化管理体系考核定级部门原则上应在收到煤矿企业申请后的 60 个工作日内完成考核定级。煤矿企业和各级煤矿安全生产标准化工作主管部门,应通过国家煤矿安监局"煤矿安全生产标准化管理体系信息管理系统"完成申报、初审、考核、公示、公告等各环节工作。未按照规定的程序和信息化方式开展考核定级等工作的,不予公告确认。

2)《煤矿安全生产标准化管理体系基本要求及评分方法(试行)》相关内容

《煤矿安全生产标准化管理体系基本要求及评分方法(试行)》包括理念目标和矿长安全承诺、组织机构、安全生产责任制及安全管理制度、从业人员素质、安全风险分级管控、事故隐患排查治理、质量控制和持续改进等 8 个要素。

安全素质基本要求二
从业人员安全生产的权利与义务

学习目标

1. 熟悉从业人员安全生产的权利。
2. 熟悉从业人员在安全生产中应尽的义务。

安全素质基本要求相关知识

《安全生产法》等法律法规,赋予了广大生产经营单位从业人员依法获得安全生产保障的权利;从业人员在享有安全生产保障权利的同时,也必须依法履行安全生产方面的义务。

一、从业人员安全生产的权利

1. 劳动保护和提请劳动争议处理权

职工有要求用人单位保障职工的劳动安全、防治职业病危害的权利。职工与用人单位建立劳动关系时,应当要求订立劳动合同,劳动合同应当载明为职工提供符合国家法律、法规、标准规定的劳动安全卫生条件和必要的劳动防护用品;工作场所存在的职业病危害因素以及有效的防护措施;对从事有毒有害作业的职工定期进行健康检查;依法为职工办理工伤保险等。

当职工的劳动保护权益受到伤害,或者与用人单位因劳动保护问题发生纠纷时,有向有关部门提请劳动争议处理的权利。

2. 安全生产知情权

职工有权了解作业场所和工作岗位存在的危险因素、危害后果,以及针对危险因素应采取的防范措施和事故应急措施,用人单位必须向职工如实告知,不得隐瞒和欺骗;进入工作面前,职工有权要求跟班干部或班长检查工作面,并制定具体安全措施。如果用人单位没有如实告知,职工有权拒绝工作,用人单位不得因此做出对职工不利的处分。

3. **参与安全生产管理权**

职工有权参加本单位安全生产工作的民主管理和民主监督,对本单位的安全生产工作提出意见和建议,对不符合党和国家安全生产方针和法律、法规规定的规章、制度有权提出修改意见,用人单位应重视和尊重职工的意见和建议,并及时做出答复。

4. **安全生产监督权**

职工有权对企业贯彻、执行党和国家安全生产方针的情况、有关安全生产法规及管理制度的执行情况、管理干部行为、作业现场的安全情况、安全技术措施专项费用使用情况进行监督。

5. **安全生产教育培训权**

职工享有参加安全生产教育培训的权利。用人单位应依法对职工进行安全生产法律、法规、规程及相关标准的教育培训,使职工掌握从事岗位工作所必须具备的安全生产知识和技能。用人单位没有依法对职工进行安全生产教育培训,特殊工种作业人员未取得操作资格证书的,职工有权拒绝上岗作业。

6. **职业健康防治权**

对于从事接触职业病危害因素或可能导致职业病作业的职工,有权获得职业健康检查并了解检查结果。被诊断为患有职业病的职工有依法享受职业病待遇,接受治疗、康复和定期检查的权利。

7. **拒绝违章指挥权**

违章指挥是指用人单位的有关管理人员违反安全生产的法律法规和有关安全规程、规章制度的规定,指挥从业人员进行作业的行为;强令冒险作业是指用人单位的有关管理人员,明知开始或继续作业可能会有重大危险,仍然强迫职工进行作业的行为。违章指挥、强令冒险作业违背了"安全第一"的方针,侵犯了职工的合法权益,职工有权拒绝;违章操作,职工有权制止;跟班干部擅离工作岗位,职工有权向有关方面报告。用人单位不得因职工拒绝违章指挥和强令冒险作业而打击报复,降低其工资、福利等待遇或解除与其订立的劳动合同。

8. **停止作业避险权**

职工发现直接危及人身安全的紧急情况时,有权停止作业,或者在采取可能的应急措施后,撤离作业场所。用人单位不得因职工在紧急情况下停止作业或者采取紧急撤离措施而降低其工资、福利待遇或者解除与其订立的劳动合同。但职工在行使这一权利时要慎重,要尽可能正确判断险情危及人身安全的程度。

9. 工伤保险和民事索赔权

用人单位应当依法为职工办理工伤保险,为职工缴纳工伤保险费。职工因安全生产事故受到伤害,除依法应当享受工伤保险外,还有权向用人单位要求民事赔偿。工伤保险和民事赔偿不能互相取代。

10. 批评、检举和控告权

职工有权向煤矿企业和煤炭管理部门、工会组织举报违反有关安全生产法律、法规、制度的行为;有权检举违章指挥、违章作业者;有权反映作业现场安全管理情况和不安全因素。检举可以署名,也可以不署名;可以用书面形式,也可以用口头形式。但是,职工在行使这一权利时,应注意检举和控告的情况必须真实,要实事求是。用人单位不得因职工行使上述权利而对其进行打击、报复,包括不得因此而降低其工资、福利待遇或者解除与其订立的劳动合同。在进行安全生产监督检查时,如果受到打击报复和迫害,职工有权向上级或政府有关部门、工会组织投诉和控告;有权对忽视安全、玩忽职守造成事故的责任者进行检举;有权对隐瞒事故的单位和责任者提出控告。

从业人员离开煤矿企业时,有权索取本人职业健康监护档案复印件,煤矿企业必须如实、无偿提供,并在所提供的复印件上签章。

二、从业人员安全生产的义务

1. 遵守安全生产规章制度和操作规程的义务

职工不仅要严格遵守安全生产有关法律法规,还应当遵守用人单位的安全生产规章制度和操作规程,这是职工在安全生产方面的一项法定义务。职工必须增强法纪观念,自觉遵章守纪,从维护国家利益、集体利益以及自身利益出发,把遵章守纪、按章操作落实到具体的工作中。

2. 服从安全生产管理的义务

服从煤矿安全检查、安全监察管理;自觉服从安全监督部门、安全监察部门的指挥,自觉配合安全监察人员的工作,协助他们执行公务,并提供真实信息和有关资料。

用人单位的安全生产管理人员一般具有较多的安全生产知识和较丰富的经验,职工服从管理,可以保持生产经营活动的良好秩序,有效地避免、减少生产安全事故的发生。因此,职工应当服从管理,这也是职工在安全生产方面的一项法定义务。当然,职工对于违章指挥、强令冒险作业的行为,有权拒绝。

3.正确佩戴和使用劳动防护用品的义务

劳动防护用品是保护职工在劳动过程中安全与健康的一种防御性装备,不同的劳动防护用品有其特定的佩戴和使用规则、方法,只有正确佩戴和使用,方能真正起到防护作用。用人单位在为职工提供符合国家或行业标准的劳动防护用品后,职工有义务正确佩戴和使用劳动防护用品。

4.发现事故隐患及时报告并参加抢险救灾的义务

职工发现事故隐患和不安全因素后,应及时向现场安全生产管理人员或本单位负责人报告,接到报告的人员应当及时予以处理。一般来说,职工报告得越早,接受报告的人员处理得越早,事故隐患和其他职业危险因素可能造成的危害就越小。在煤矿发生事故后,职工应积极参加抢救事故,不能以任何借口逃避事故抢救工作。

5.接受安全生产培训教育的义务

职工应依法接受安全生产的教育和培训,掌握所从事岗位工作所需的安全生产知识,提高安全生产技能,增强事故预防和应急处理能力。特殊性工种作业人员和有关法律法规规定须持证上岗的作业人员,必须经培训考核合格后,依法取得相应的资格证书或合格证书,方可上岗作业。

6.改善工作环境和爱护生产设施、设备的义务

职工在工作中,应积极参加技术革新活动,提出合理化建议,不断改善劳动条件和工作环境。

煤矿企业的生产设备及安全生产设施是安全生产的保证,要自觉维护其正常运转和安全使用,使其发挥保障安全生产的作用。

安全素质基本要求三　劳动保护制度

学习目标

1. 了解劳动安全卫生制度。
2. 了解特殊劳动保护制度。
3. 了解工作时间和休息休假制度。

安全素质基本要求相关知识

劳动保护是国家和单位为保护劳动者在劳动生产过程中的安全和健康所采取的立法、组织和技术措施的总称,是指根据国家法律、法规,依靠技术进步和科学管理,采取组织措施和技术措施,消除危及人身安全健康的不良条件和行为,防止事故和职业病,保护劳动者在劳动过程中的安全与健康。根据《劳动法》的规定,劳动保护制度主要包括以下几类。

一、劳动安全卫生制度

劳动安全卫生保护的内容十分广泛,且因不同行业有着不同的重点和差别,《劳动法》在第六章规定了劳动安全卫生制度的基本内容:

(1)用人单位必须建立、健全劳动安全卫生制度,严格执行国家劳动安全卫生规程和标准,对劳动者进行劳动安全卫生教育,防止劳动过程中的事故,减少职业危害。

(2)劳动安全卫生设施必须符合国家规定的标准。

新建、改建、扩建工程的劳动安全卫生设施必须与主体工程同时设计、同时施工、同时投入生产和使用。

(3)用人单位必须为劳动者提供符合国家规定的劳动安全卫生条件和必要的劳动防护用品,对从事有职业危害作业的劳动者应当定期进行健康检查。

(4)从事特种作业的劳动者必须经过专门培训并取得特种作业

资格。

（5）劳动者在劳动过程中必须严格遵守安全操作规程。

劳动者对用人单位管理人员违章指挥、强令冒险作业，有权拒绝执行；对危害生命安全和身体健康的行为，有权提出批评、检举和控告。

（6）国家建立伤亡事故和职业病统计报告和处理制度。县级以上各级人民政府劳动行政部门、有关部门和用人单位应当依法对劳动者在劳动过程中发生的伤亡事故和劳动者的职业病状况，进行统计、报告和处理。

二、特殊劳动保护制度

（1）国家对女职工和未成年工实行特殊劳动保护。未成年工是指年满16周岁未满18周岁的劳动者。

（2）禁止安排女职工从事矿山井下、国家规定的第四级体力劳动强度的劳动和其他禁忌从事的劳动。

（3）不得安排女职工在经期从事高处、低温、冷水作业和国家规定的第三级体力劳动强度的劳动。

（4）不得安排女职工在怀孕期间从事国家规定的第三级体力劳动强度的劳动和孕期禁忌从事的劳动。对怀孕7个月以上的女职工，不得安排其延长工作时间和夜班劳动。

（5）女职工生育享受不少于90天的产假。

（6）不得安排女职工在哺乳未满1周岁的婴儿期间从事国家规定的第三级体力劳动强度的劳动和哺乳期禁忌从事的其他劳动，不得安排其延长工作时间和夜班劳动。

（7）不得安排未成年工从事矿山井下、有毒有害、国家规定的第四级体力劳动强度的劳动和其他禁忌从事的劳动。

（8）用人单位应当对未成年工定期进行健康检查。

三、工作时间和休息休假制度

（1）国家实行劳动者每日工作时间不超过8小时、平均每周工作时间不超过44小时的工时制度。

（2）对实行计件工作的劳动者，用人单位应当根据上一条规定的工时制度合理确定其劳动定额和计件报酬标准。

（3）用人单位应当保证劳动者每周至少休息 1 日。

（4）企业因生产特点不能实行上述规定的,经劳动行政部门批准,可以实行其他工作和休息办法。

（5）用人单位在下列节日期间应当依法安排劳动者休假:元旦、春节、国际劳动节、国庆节及法律、法规规定的其他休假节日等。

（6）用人单位由于生产经营需要,经与工会和劳动者协商后可以延长工作时间,一般每日不得超过 1 小时;因特殊原因需要延长工作时间的,在保障劳动者身体健康的条件下延长工作时间每日不得超过 3 小时,但是每月不得超过 36 小时。

（7）有下列情形之一的,延长工作时间不受上一条的限制:① 发生自然灾害、事故或者因其他原因,威胁劳动者生命健康和财产安全,需要紧急处理的;② 生产设备、交通运输线路、公共设施发生故障,影响生产和公众利益,必须及时抢修的;③ 法律、行政法规规定的其他情形。

（8）用人单位不得违反《劳动法》规定延长劳动者的工作时间。

（9）有下列情形之一的,用人单位应当按照下列标准支付高于劳动者正常工作时间工资的工资报酬:① 安排劳动者延长工作时间的,支付不低于工资的 150% 的工资报酬;② 休息日安排劳动者工作又不能安排补休的,支付不低于工资的 200% 的工资报酬;③ 法定休假日安排劳动者工作的,支付不低于工资的 300% 的工资报酬。

（10）国家实行带薪年休假制度。

劳动者连续工作 1 年以上的,享受带薪年休假。具体办法由国务院规定。

模块二　煤矿从业人员入井常识

安全素质基本要求一　煤矿从业人员入井须知

学习目标

1. 熟悉煤矿入井人员的基本条件。
2. 熟悉煤矿入井人员行为规范。

安全素质基本要求相关知识

一、入井人员的基本条件

根据有关法律法规的规定,煤矿井下从业人员必须符合下列基本条件:

(1)身体健康,无职业禁忌证。凡是有下列病症的不得从事煤矿井下作业:

① 活动性肺结核和肺外结核病。

② 严重的上呼吸道或支气管疾病。

③ 显著影响肺功能的肺脏或胸膜病变。

④ 心、血管器质性疾病。

入井前的准备
（微信扫码观看）

⑤ 经医疗鉴定,不适于从事粉尘作业的其他疾病。

⑥ 风湿病(反复活动)。

⑦ 严重的皮肤病。

⑧ 癫痫病。

⑨ 精神分裂症。

⑩ 经医疗鉴定,不适于从事井下工作的其他疾病。

（2）年满18周岁且不超过国家法定退休年龄。

（3）具有初中及以上文化程度。

二、煤矿入井人员行为规范

煤矿从业人员必须遵守入井的基本行为规范,以保证自己和他人的安全。

（1）入井（场）人员必须戴安全帽等个体防护用品,穿带有反光标识的工作服。入井（场）前严禁饮酒。

（2）入井人员必须随身携带自救器、标识卡和矿灯,严禁携带烟草和点火物品,严禁穿化纤衣服。

（3）煤矿作业人员必须熟悉应急救援预案和避灾路线,具有自救互救和安全避险知识。井下作业人员必须熟练掌握自救器和紧急避险设施的使用方法。

（4）对作业场所和工作岗位存在的危险有害因素及防范措施、事故应急措施、职业病危害及其后果、职业病危害防护措施等,煤矿企业应当履行告知义务,从业人员必须熟悉、有权了解并提出建议。

（5）所有入井人员必须遵守《煤矿安全规程》、作业规程、煤矿安全技术操作规程的相关规定,经过安全培训并考核合格方可入井。

（6）入井人员下井前,要休息好,做到心情愉快,保持精力旺盛。

（7）乘坐罐笼上下井时,要遵守乘坐罐笼的有关规定,服从指挥,排队按次序上下,不得拥挤、打闹和摘掉安全帽。

（8）乘车时只准乘坐专门的人车,必须遵守乘车规定,严禁在车辆行驶中登车、爬车、跳车等。

（9）在大巷行走时,要精神集中,注意避让来往车辆,过交叉道口要做到"一停、二看、三通过"。

（10）服从安全管理,按照规定正确携带工器具,正确识别井下各类信号。

入井安全注意事项
（微信扫码观看）

安全素质基本要求二　煤矿井下避灾路线

学习目标

1. 熟悉安全出口相关要求。
2. 熟悉井下安全避险系统。
3. 熟悉煤矿井下避灾路线。

安全素质基本要求相关知识

一、安全出口

矿井建设期间的安全出口应当符合下列要求：① 开凿或者延深立井时，井筒内必须设有在提升设备发生故障时专供人员出井的安全设施和出口；井筒到底后，应当先短路贯通，形成至少 2 个通达地面的安全出口。② 相邻的两条斜井或者平硐施工时，应当及时按设计要求贯通联络巷。

每个生产矿井必须至少有 2 个能行人的通达地面的安全出口，各出口间距不得小于 30 m。

采用中央式通风的新建和改扩建矿井，设计中应当规定井田边界的安全出口。

新建、改扩建矿井的回风井严禁兼作提升和行人通道，紧急情况下可作为安全出口。

井下每一个水平到上一个水平和各个采（盘）区都必须至少有 2 个便于行人的安全出口，并与通达地面的安全出口相连。未建成 2 个安全出口的水平或者采（盘）区严禁回采。

井巷交岔点，必须设置路标，标明所在地点，指明通往安全出口的方向。

通达地面的安全出口和 2 个水平之间的安全出口，倾角不大于 45° 时，必须设置人行道，并根据倾角大小和实际需要设置扶手、台阶或者梯道。倾角大于 45°时,必须设置梯道间或者梯子间,斜井梯道间必须分段错开设置,每段斜长不得大于 10 m;立井梯子间中的梯子角度不得大于 80°,相邻 2 个平台的垂直距离不得大于 8 m。

安全出口应当经常清理、维护,保持畅通。

采煤工作面必须保持至少 2 个畅通的安全出口,一个通到进风巷道,另一个通到回风巷道。

采煤工作面所有安全出口与巷道连接处超前压力影响范围内必须加强支护,且加强支护的巷道长度不得小于 20 m;综合机械化采煤工作面,此范围内的巷道高度不得低于 1.8 m;其他采煤工作面,此范围内的巷道高度不得低于 1.6 m。安全出口和与之相连接的巷道必须设专人维护,发生支架断梁折柱、巷道底鼓变形时,必须及时更换、清挖。

二、井下安全避险系统

煤矿必须建立矿井安全避险系统,对井下人员进行安全避险和应急救援培训,每年至少组织 1 次应急演练。

煤矿安全避险"六大系统"包括矿井安全监控系统、人员位置监测系统、井下紧急避险系统、压风自救系统、供水施救系统和通信联络系统。矿井安全监控系统实现对煤矿井下瓦斯、一氧化碳浓度、温度、风速的动态监控,完善紧急情况下及时断电撤人制度;人员位置监测系统,准确掌握各个区域作业人员的情况;救生舱、避难硐室等井下紧急避险系统,实现井下灾害突发时的安全避险;压风自救系统,确保灾变时现场作业人员有充分的氧气供应;供水施救系统,在灾变后为井下作业人员提供清洁水源或必要的营养液;通信联络系统,实现井上、井下和各个作业地点通信通畅。

所有井工煤矿必须按规定建设完善煤矿安全避险"六大系统",入井人员必须熟悉煤矿安全避险"六大系统"。

三、煤矿井下避灾路线

煤矿根据不同的灾变和灾害发生地点而制定的能使井下人员用尽量短的时间、从最近的距离撤到安全地点的路线,称为避灾路线。煤矿井下作业人员必须熟知避灾路线,以便发生灾害事故时,能够安全撤离。

最佳的避灾路线必须满足三个条件:一是适合不同的灾害事故,二是安全条件好,三是撤离时间最短。

井下所有工作地点必须设置灾害事故避灾路线。避灾路线指示应当设置在不易受到碰撞的显著位置,在矿灯照明下清晰可见,并标注所在位置。巷道交叉口必须设置避灾路线标识。

巷道内设置标识的间隔距离:采区巷道不大于 200 m,矿井主要巷道不大于 300 m。

煤矿作业人员必须熟悉应急救援预案和避灾路线,具有自救互救和安全避险知识。井下作业人员必须熟练掌握自救器和紧急避险设施的使用方法。

班组长应当具备兼职救护队员的知识和能力,能够在发生险情后第一时间组织作业人员自救互救和安全避险。

外来人员必须经过安全和应急基本知识培训,掌握自救器使用方法,并签字确认后方可入井。

安全素质基本要求三
煤矿矿用产品安全标志和井下安全警示标志

学习目标

1. 熟悉煤矿矿用产品安全标志。
2. 熟悉煤矿井下安全警示标志。

安全素质基本要求相关知识

一、煤矿矿用产品安全标志

2007 年 4 月 1 日实施的《矿用产品安全标志标识》(AQ 1043—2007)中规定了矿用产品安全标志标识的分类、型式、尺寸、材质、颜色、使用及管理要求。

矿用产品安全标志由矿用产品安全标志证书和矿用产品安全标志

标识两部分组成。

取得矿用产品安全标志的产品,只有加施标识后生产单位方可销售,使用单位方可采购和使用。

煤矿矿用产品安全标志标识的标准型式为六边形边框,内加汉语拼音缩写"MA",意为"煤安",边框线表示全国煤矿范围使用,数字代码为安全标志编号,如图 1-1 所示。

图 1-1　煤矿矿用产品安全标志标识

二、煤矿井下安全警示标志

安全标志是指井下悬挂或张贴的图文标志,目的是引起煤矿井下作业人员对现场不安全因素的警觉并采取相应的措施,预防事故的发生。

2006 年 3 月 1 日实施的《煤矿井下安全标志》(AQ 1017—2005)规定了煤矿井下传递安全警示信息的安全标志,适用于各类井工开采的煤矿。

煤矿井下安全标志分为主标志和文字补充标志两类。主标志分为禁止标志、警告标志、指令标志和路标、名牌、提示标志。文字补充标志是主标志的文字说明或方向指示,它只能与主标志同时使用。文字补充标志基本形式是矩形边框,放在主标志下方,也可放在左方或右方。文字补充标志的底色应与联用的主标志底色相统一,其文字的颜色,除警告标志用黑色外,其他标志均为白色。

煤矿井下安全标志牌位置应设在与安全有关的明显的地方,并保证人们有足够的时间注意它所表示的内容。

　　煤矿井下安全标志牌应定期清洗,每季至少检查一次。如有变形、损坏、变色、图形符号脱落、亮度老化等现象应及时修理或更换。

　　(1)禁止标志是禁止或制止人们的某种行为的标志。禁止标志为白底、红圈、红斜杠、黑图形符号。煤矿井下常用的禁止标志见附表4-1。

　　(2)警告标志是警告人们可能发生危险的标志。警告标志的基本形状为等边三角形,顶角朝上。警告标志为黄底、黑边、黑图形符号。煤矿井下常用的警告标志见附表4-2。

　　(3)指令标志是指示人们必须遵守某种规定的标志。指令标志基本形状为圆形。指令标志为蓝底、白图形符号。煤矿常用的指令标志见附表4-3。

　　(4)路标、名牌、提示标志是告诉人们目标、方向、地点的标志。路标、名牌、提示标志基本形状为长方形。路标、名牌、提示标志为绿底(红底或黄底)、白图案(黑图案)、白字或黑字。煤矿井下常用的路标、名牌、提示标志见附表4-4。

煤矿井下安全
设施和安全标志
(微信扫码观看)

安全素质基本要求四
常见"三违"行为及其危害

👉 学习目标

1. 熟悉"三违"的定义。
2. 熟悉"三违"的危害。
3. 熟悉"三违"常见的表现形式。
4. 熟悉"三违"现象产生的主观原因。
5. 提升安全意识,杜绝"三违"发生,搞好安全生产。

安全素质基本要求相关知识

安全意识就是人们头脑中建立起来的生产必须安全的观念,也就是人们在生产活动中各种各样有可能对自己或他人造成伤害的外在环境条件的一种戒备和警觉的心理状态。违章蛮干,会给个人、家庭、企业、社会带来严重后果和沉重负担。

一、"三违"的定义

"三违"是违章指挥、违章作业、违反劳动纪律的简称。"三违"极易导致事故,而事故带来的影响是深远的,损失是难以估量的,会给个人、家庭、企业、社会带来巨大的伤痛和损失。因此,要保障个人的安全健康和家庭的幸福、要保障企业的长治久安和社会的和谐稳定,就要控制各类事故的发生,而控制事故发生的关键是杜绝违章。

(1)违章指挥:是指违反国家的安全生产方针、政策、法律、条例、规程、标准、制度及生产经营单位的规章制度和技术方案的指挥行为。

(2)违章作业:是指在劳动过程中违反国家法律法规和生产经营单位制定的各项规章制度,包括工艺技术、生产操作、劳动保护、安全管理等方面的规程、规则、章程、条例、办法和制度等,以及有关安全生产的通知、决定的行为。

(3)违反劳动纪律:是指违反在劳动生产过程中,为维护生产秩序,而制定的要求每个员工遵守的规章制度的行为。劳动纪律是多方面的,它包括组织纪律、工作纪律、技术纪律以及规章制度等。

二、"三违"的危害

"三违"可能会对自身或他人生命造成伤害,一旦酿成事故会给亲人、朋友带来生活上的困难和感情上的痛苦。"三违"现象已成为严重威胁职工生命安全健康,影响企业形象和制约企业安全发展的顽症。"三违"实质上是一种违反安全生产客观规律的盲目行为,安全事故与"三违"有着直接或间接联系。煤矿工人由于一些原因还存在安全意识不强、法治观念淡薄的情况,"三违"现象时有出现,屡禁不绝,严重地威胁了矿井的正常生产和矿工的生命安全健康,其影响极坏、危害极大。因此,对"三违"的现象和行为,绝不能宽恕、忽视。我们只有坚决与"三违"作斗争,坚决反"三违",才能确保矿井的安全生产。

三、"三违"常见的表现形式

(1) 常见的违章指挥行为。不按照安全生产责任制有关本职工作规定履行职责;不按规定对员工进行安全教育培训;强令员工冒险违章作业;不按照规定审查、批准技术方案和安全措施;不认真执行企业发布的管理程序;新建、改建、扩建项目不执行"三同时"的规定,不履行审批手续;对已发现的事故隐患,不及时采取措施,放任自流等。

(2) 常见的违章作业行为。不按规定正确佩戴和使用劳动防护用品;发现设备或安全防护装置缺损,继续操作;不执行规定的安全防范措施,对违章指挥盲目服从,不加抵制;违反规程或安全技术措施作业;不按操作规程、工艺要求操作设备;忽视安全、忽视警告,冒险进入危险区域等。

(3) 常见违反劳动纪律的表现。迟到、早退、擅离职守;工作时间干私活、办私事;上班注意力不集中、消极怠工;工作中不服从分配、不听从指挥;无理取闹、纠缠领导、影响正常工作;私自动用他人工具、设备;不遵守各项规章制度,违反工艺流程和操作规程等。

四、"三违"现象产生的主观原因

"三违"现象产生的原因有:人员安全意识不强,安全作业综合素质不高;不懂规章或规章懂得太少;存在侥幸、麻痹、自满、马虎、凑合、逆反、应付、从众型等多种心理,认为违章不会造成事故;认为规章太烦琐,操作费力费时,抢功图快;个体所受安全教育少、安全作业技能水平较低;作业环境差、劳动强度大、易疲劳,习惯性违章;情绪不良原因,操作失误;认知水平低等。

五、提升安全意识,杜绝"三违"

(1) "三违"的外在表现是行为,根子在思想和意识。从思想和意识深处着手才是根治"三违"的治本之策。根治"三违"的关键,就是要保证"三违"人员的安全思想意识认识到位。要以人为本,在关心人、尊重人、保护人上多想办法,多做工作,引导职工不断增强安全意识,规范自身行为,进而成为"想安全、会安全、能安全"的安全人。要帮助职工树立正确的安全生产思想观念,提高其安全生产意识,促使职工能够自觉安全生产。

（2）对"三违"职工的安全教育方法多种多样，应坚持以人为本。针对"三违"职工的不同违章心理，分析其"三违"产生的直接原因及深层次原因，及时疏导和消除其违章心理，对职工的教育要动之以情，晓之以理，导之以行。加大安全教育力度，特别是加大对"三违"职工的培训力度，提高其安全知识水平和安全操作技能。只有让职工充分认识到"三违"的严重后果，才能切实增强其安全意识，提高其安全技能，杜绝"三违"现象。

（3）严格安全管理，自觉规范行为。加大现场安全管理力度，严格执行各项规章制度，把遵章守纪、按章作业转化为员工的自觉行动。加强区队、班组管理，加强班组建设，提高区队队干和班组长的安全责任心，落实好各级人员安全生产责任制。开展班组安全联保互保，营造人人争当安全人的浓厚氛围，实现企业的安全生产。

模块三 职业病危害因素及职业病防治

安全素质基本要求一
煤矿职业病危害因素及职业病类型

学习目标

1. 熟悉职业病及职业病危害因素概述。
2. 熟悉煤矿常见职业病危害因素。
3. 熟悉煤矿常见职业病。
4. 熟悉用人单位职业病危害因素防治管理职责。
5. 熟悉从业人员和用人单位职业病预防的权利和义务。

安全素质基本要求相关知识

一、职业病及职业病危害因素概述

职业病是指企业、事业单位和个体经济组织（以下统称用人单位）的劳动者在职业活动中，因接触粉尘、放射性物质和其他有毒、有害物质等因素而引起的疾病。

职业病危害因素是指在生产过程、劳动过程和生产环境这三项劳动条件中，对从业人员的健康和劳动能力产生有害作用的危害因素。职业病危害因素包括职业活动中存在的各种有害的化学、物理、生物因素以及在作业过程中产生的其他有害因素。

职业病是由于职业活动而产生的疾病，但并不是所有工作中得的病都是职业病。要构成职业病，必须具备以下四个条件：

（1）患病主体必须是用人单位的劳动者。

（2）必须是在从事职业活动过程中产生的。

（3）必须是因接触粉尘、放射性物质和其他有毒、有害物质等职业病危害因素引起的。

（4）必须是国家公布的职业病分类和目录所列的职业病。

二、煤矿常见职业病危害因素

煤矿生产中主要的职业病危害因素有粉尘、有毒有害气体、噪声和振动、不良气候条件等。

1. 粉尘

粉尘是煤矿的主要职业病危害因素。煤矿生产中，采煤、掘进、支护、提升运输、巷道维修等生产环节均会产生粉尘，这些粉尘可能使从业人员患上尘肺。

2. 有毒有害气体

井下爆破、煤氧化、煤中放出等原因，导致矿井空气中含有甲烷（CH_4）、一氧化碳（CO）、二氧化碳（CO_2）、二氧化氮（NO_2）、硫化氢（H_2S）、二氧化硫（SO_2）、氨气（NH_3）等有毒有害气体，这些有毒有害气体会导致从业人员职业中毒。

3. 噪声和振动

煤矿噪声和振动主要来源于井下机械化生产，其危害取决于生产过程、生产工艺和所使用的工具，如风动凿岩机和局部通风机的噪声和振动等。从业人员长期在噪声下工作，可能造成听力下降，甚至引起耳聋；长期接触振动，可能导致局部疼痛，甚至引起内脏器官损伤。

4. 不良气候条件

煤矿井下的不良气候条件有气温高、湿度大、不同地点风速大小不等和温差大等。长期在潮湿环境下工作的人员易患风湿性关节炎等。

此外，劳动强度大、作业姿势不良也是煤矿井下工作的特点，易造成井下从业人员腰腿疼和各种外伤。

三、煤矿常见职业病

1. 矽肺

矽肺是由于在职业活动中长期在含游离二氧化硅10％以上、粉尘浓度大于 2 mg/m³ 或含游离二氧化硅 10% 以下、粉尘浓度大于 10 mg/m³ 的环境中工作,吸入含游离二氧化硅呼吸性粉尘(矽尘)而引起的肺间质弥漫性纤维化病变的疾病。

2. 煤工尘肺

煤工尘肺是由于在煤炭生产活动中长期吸入煤尘而引起的肺的弥漫性纤维化病变的疾病,它是我国煤炭行业累计患病人数、每年发病人数最多,对煤矿工人身体健康危害最大的职业病。

3. 水泥尘肺

水泥尘肺是由于在职业活动中长期吸入较高浓度的水泥粉尘而引起的一种尘肺。水泥尘肺发病工龄较长,病情进展缓慢,发病工龄多在 10~15 年。

4. 职业性噪声聋

职业性噪声聋是由于在职业活动中长期接触高噪声而发生的一种进行性的听觉损伤。患者早期会出现听力下降,继续长期接触,听力损失不能完全恢复,由功能性改变发展为器质性推行性病变。

四、用人单位职业病危害因素防治管理职责

1. 人员配备

(1) 职业病危害严重的用人单位,应当设置或者指定职业卫生管理机构或者组织,配备专职职业卫生管理人员。

(2) 其他存在职业病危害的用人单位,劳动者超过 100 人的,应当设置或者指定职业卫生管理机构或者组织,配备专职职业卫生管理人员;劳动者在 100 人以下的,应当配备专职或者兼职的职业卫生管理人员,负责本单位的职业病防治工作。

2. 培训管理

(1) 用人单位的主要负责人和职业卫生管理人员应当具备与本单位所从事的生产经营活动相适应的职业卫生知识和管理能力,并接受职业卫生培训。

(2) 用人单位主要负责人、职业卫生管理人员的职业卫生培训,应当包括下列主要内容:

① 职业卫生相关法律、法规、规章和国家职业卫生标准。

② 职业病危害预防和控制的基本知识。

③ 职业卫生管理相关知识。

④ 原国家安全生产监督管理总局规定的其他内容。

（3）用人单位应当对劳动者进行上岗前的职业卫生培训和在岗期间的定期职业卫生培训，普及职业卫生知识，督促劳动者遵守职业病防治的法律、法规、规章、国家职业卫生标准和操作规程。

（4）用人单位应当对职业病危害严重的岗位的劳动者，进行专门的职业卫生培训，经培训合格后方可上岗作业。

（5）因变更工艺、技术、设备、材料，或者岗位调整导致劳动者接触的职业病危害因素发生变化的，用人单位应当重新对劳动者进行上岗前的职业卫生培训。

3. 产生职业病危害的用人单位工作场所的基本要求

（1）生产布局合理，有害作业与无害作业分开。

（2）工作场所与生活场所分开，工作场所不得住人。

（3）有与职业病防治工作相适应的有效防护设施。

（4）职业病危害因素的强度或者浓度符合国家职业卫生标准。

（5）有配套的更衣间、洗浴间、孕妇休息间等卫生设施。

（6）设备、工具、用具等设施符合保护劳动者生理、心理健康的要求。

（7）法律、法规、规章和国家职业卫生标准的其他规定。

4. 警示标识设置

（1）产生职业病危害的用人单位，应当在醒目位置设置公告栏，公布有关职业病防治的规章制度、操作规程、职业病危害事故应急救援措施和工作场所职业病危害因素检测结果。

（2）存在或者产生职业病危害的工作场所、作业岗位、设备、设施，应当按照《工作场所职业病危害警示标识》（GBZ 158）的规定，在醒目位置设置图形、警示线、警示语句等警示标识和中文警示说明。警示说明应当载明产生职业病危害的种类、后果、预防和应急处置措施等内容。

（3）存在或产生高毒物品的作业岗位，应当按照《高毒物品作业岗位职业病危害告知规范》(GBZ/T 203)的规定,在醒目位置设置高毒物品告知卡,告知卡应当载明高毒物品的名称、理化特性、健康危害、防护措施及应急处理等告知内容与警示标识。

5. 职业病危害因素检测

(1)存在职业病危害的用人单位,应当实施由专人负责的工作场所职业病危害因素日常监测,确保监测系统处于正常工作状态。

(2)存在职业病危害的用人单位,应当委托具有相应资质的职业卫生技术服务机构,每年至少进行1次职业病危害因素检测。

(3)职业病危害严重的用人单位,应当委托具有相应资质的职业卫生技术服务机构,每3年至少进行1次职业病危害现状评价。

(4)检测、评价结果应当存入本单位职业卫生档案,并给劳动者公布。

(5)存在职业病危害的用人单位,有下述情形之一的,应当及时委托具有相应资质的职业卫生技术服务机构进行职业病危害现状评价:

① 初次申请职业卫生安全许可证,或者职业卫生安全许可证有效期届满申请换证的。

② 发生职业病危害事故的。

③ 原国家安全生产监督管理总局规定的其他情形。

用人单位应当落实职业病危害现状评价报告中提出的建议和措施,并将职业病危害现状评价结果及整改情况存入本单位职业卫生档案。

(6)用人单位在日常的职业病危害监测或者定期检测、现状评价过程中,发现工作场所职业病危害因素不符合国家职业卫生标准和卫生要求时,应当立即采取相应治理措施,确保其符合职业卫生环境和条件的要求;仍然达不到国家职业卫生标准和卫生要求的,必须停止存在职业病危害因素的作业;职业病危害因素经治理后,符合国家职业卫生标准和卫生要求的,方可重新作业。

(7)向用人单位提供可能产生职业病危害的设备的,应当提供中文说明书,并在设备的醒目位置设置警示标识和中文警示说明。警示说明应当载明设备性能、可能产生的职业病危害、安全操作和维护注意事项、职业病防护措施等内容。

6. 职业病危害因素告知

(1) 用人单位与劳动者订立劳动合同(含聘用合同,下同)时,应当将工作过程中可能产生的职业病危害及其后果、职业病防护措施和待遇等如实告知劳动者,并在劳动合同中写明,不得隐瞒或者欺骗。

(2) 劳动者在履行劳动合同期间因工作岗位或者工作内容变更,从事与所订立劳动合同中未告知的存在职业病危害的作业时,用人单位应当依照前述规定,向劳动者履行如实告知的义务,并协商变更原劳动合同相关条款。

(3) 用人单位违反规定的,劳动者有权拒绝从事存在职业病危害的作业,用人单位不得因此解除与劳动者所订立的劳动合同。

7. 职业健康体检和档案管理

(1) 对从事接触职业病危害因素作业的劳动者,用人单位应当按照《用人单位职业健康监护监督管理办法》、《放射工作人员职业健康管理办法》、《职业健康监护技术规范》(GBZ 188)、《放射工作人员健康要求及监护规范》(GBZ 98)等有关规定组织上岗前、在岗期间、离岗时的职业健康检查,并将检查结果书面如实告知劳动者。

(2) 职业健康检查费用由用人单位承担。

(3) 用人单位应当按照《用人单位职业健康监护监督管理办法》的规定,为劳动者建立职业健康监护档案,并按照规定的期限妥善保存。

(4) 职业健康监护档案应当包括劳动者的职业史、职业病危害接触史、职业健康检查结果、处理结果和职业病诊疗等有关个人健康的资料。

劳动者健康出现损害需要进行职业病诊断、鉴定的,用人单位应当如实提供职业病诊断、鉴定所需的劳动者职业史和职业病危害接触史、工作场所职业病危害因素检测结果和放射工作人员个人剂量监测结果等资料。

8. 用人单位职业卫生档案管理内容

(1) 职业病防治责任制文件。

(2) 职业卫生管理规章制度、操作规程。

（3）工作场所职业病危害因素种类清单、岗位分布以及作业人员接触情况等资料。

（4）职业病防护设施、应急救援设施基本信息，以及其配置、使用、维护、检修与更换等记录。

（5）工作场所职业病危害因素检测、评价报告与记录。

（6）职业病防护用品配备、发放、维护与更换等记录。

（7）主要负责人、职业卫生管理人员和职业病危害严重工作岗位的劳动者等相关人员职业卫生培训资料。

（8）职业病危害事故报告与应急处置记录。

（9）劳动者职业健康检查结果汇总资料，存在职业禁忌证、职业健康损害或者职业病的劳动者处理和安置情况记录。

（10）建设项目职业卫生"三同时"有关技术资料，以及其备案、审核、审查或者验收等有关回执或者批复文件。

（11）职业卫生安全许可证申领、职业病危害项目申报等有关回执或者批复文件。

（12）其他有关职业卫生管理的资料或者文件。

9. 职业病危害事故及职业病病人管理

（1）用人单位发生职业病危害事故，应当及时向所在地安全生产监督管理部门和有关部门报告，并采取有效措施，减少或者消除职业病危害因素，防止事故扩大。对遭受或者可能遭受急性职业病危害的劳动者，用人单位应当及时组织救治、进行健康检查和医学观察，并承担所需费用。

（2）用人单位不得故意破坏事故现场、毁灭有关证据，不得迟报、漏报、谎报或者瞒报职业病危害事故。

（3）用人单位发现职业病病人或者疑似职业病病人时，应当按照国家规定及时向所在地安全生产监督管理部门和有关部门报告。

（4）工作场所使用有毒物品的用人单位，应当按有关规定向安全生产监督管理部门申请办理职业卫生安全许可证。

（5）用人单位在安全生产监督管理部门行政执法人员依法履行监督检查职责时，应当予以配合，不得拒绝、阻挠。

五、从业人员和用人单位职业病预防的权利和义务

1. 从业人员职业卫生保护权利

（1）获得职业卫生教育、培训。

（2）获得职业健康检查、职业病诊疗、康复等职业病防治服务。

（3）了解工作场所产生或者可能产生的职业病危害因素、危害后果和应当采取的职业病防护措施。

（4）要求用人单位提供符合防治职业病要求的职业病防护设施和个人使用的职业病防护用品，改善工作条件。

（5）对违反职业病防治法律、法规以及危及生命健康的行为提出批评、检举和控告。

（6）拒绝违章指挥和强令进行没有职业病防护措施的作业。

（7）参与用人单位职业卫生工作的民主管理，对职业病防治工作提出意见和建议。

用人单位应当保障劳动者行使上述权利。因劳动者依法行使正当权利而降低其工资、福利等待遇或者解除、终止与其订立的劳动合同的，其行为无效。

2. 从业人员职业卫生保护义务

劳动者应当学习和掌握相关的职业卫生知识，增强职业病防范意识，遵守职业病防治法律、法规、规章和操作规程，正确使用、维护职业病防护设备和个人使用的职业病防护用品，发现职业病危害事故隐患应当及时报告。劳动者不履行上述规定义务的，用人单位应当对其进行教育。

3. 用人单位职业卫生保护义务

（1）配备防护设施、治理职业危害。

（2）对作业场所职业病危害因素进行评价与管理。

（3）对劳动者进行健康监护（上岗前、在岗中、离岗时）。

（4）按规定用不同的形式将职业病危害因素告知劳动者（合同告知、工作场所警示告知、培训教育）。

（5）建立危害监测和劳动者健康档案。

（6）职业病报告义务。

（7）对患职业病的劳动者救治、安置。

（8）为劳动者依法参加工伤劳动保险。

（9）落实职业危害治理和职业病防治经费。

（10）对未成年工、女工进行保护。

安全素质基本要求二
煤矿主要职业病危害因素防治措施

学习目标

1. 熟悉粉尘的防治。

2. 熟悉有毒有害气体的防治。

3. 熟悉生产性噪声的防护。

4. 熟悉生产性振动的防护。

5. 熟悉高温作业的防护。

安全素质基本要求相关知识

煤矿职业病的防治，坚持"预防为主、防治结合"的方针，遵循三级预防的原则。第一级预防是使劳动者尽可能不接触职业危害因素，即使在职业危害不可避免的情况下，采取措施降低生产环境中职业危害因素浓度或强度，使之达到国家职业卫生标准；第二级预防是通过早期发现职业损害，并及时处理，防止进一步发展；第三级预防是对已患职业病者，及时做出诊断和进行恰当的治疗，防止恶化和发生并发症，促进康复。

煤矿生产中主要的职业病危害有粉尘、有毒有害气体、噪声和振动、不良气候条件等，应采取积极防治措施，降低甚至消除煤矿职业病危害因素。煤矿职业病危害因素防治措施主要包括以下内容。

一、粉尘的防治

煤矿粉尘主要有煤尘、岩尘（也称矽尘）和水泥尘。煤尘进入人肺使人患煤工尘肺,矽尘进入人肺使人患矽肺,水泥尘进入人肺使人患水泥尘肺,通称为尘肺。

《煤矿安全规程》规定,作业场所空气中粉尘(总粉尘、呼吸性粉尘)浓度应当符合表 1-2 的要求。不符合要求的,应当采取有效措施。

表 1-2　作业场所粉尘浓度要求

粉尘种类	游离 SiO_2 含量/%	时间加权平均容许浓度 /(mg/m³)	
		总尘	呼尘
煤尘	<10	4	2.5
矽尘	10~50	1	0.7
	50~80	0.7	0.3
	≥80	0.5	0.2
水泥尘	<10	4	1.5

注:时间加权平均容许浓度是以时间加权数规定的 8 h 工作日、40 h 工作周的平均容许接触浓度。

矿尘防治措施如下:

井工煤矿必须建立防尘洒水系统。永久性消防防尘储水池容量不得小于 200 m³,且贮水量不得小于井下连续 2 h 的用水量,备用水池贮水量不得小于永久性储水池的 50%。防尘供水管路应当敷设到所有能产生粉尘和沉积粉尘的地点,没有防尘供水管路的采掘工作面不得生产。

(1)减尘措施。减少采、掘作业时的粉尘产生量,包括煤层注水、采空区灌水、湿式打眼、水炮泥爆破等。

(2)降尘措施。包括各产尘点设喷雾洒水装置净化风流、洒水装置、转载点封闭、泡沫除尘等。

(3)通风排尘。调整合适的风速,加强排尘。

二、有毒有害气体的防治

矿井空气中含有甲烷(CH_4)、一氧化碳(CO)、二氧化碳(CO_2)、二氧化氮(NO_2)、硫化氢(H_2S)、二氧化硫(SO_2)、氨气(NH_3)等有毒有害气体,会导致职业中毒。

防护措施有:

(1) 消除有毒有害气体。煤矿井下的有毒有害气体主要来源于炮烟和煤氧化、火灾等。因为很多有毒有害气体是易溶于水的,可通过加强通风和喷雾洒水排除和降低有毒有害气体含量,净化空气。

(2) 加强个人防护。炮烟未散去或作业现场空气质量太差时,不要急着进入工作面,待炮烟散尽、现场空气质量好转时再进入工作面,还应用好防护服、防护面具、防尘口罩、自救器等。

(3) 提高机体抗御能力。对于在有害物质场所作业人员,给予必要的保健待遇,加强营养和锻炼。

(4) 加强对有害物质的监测,掌握其浓度含量,做到心中有数,控制其危害程度。

(5) 对受到危害的人员及时进行健康检查,必要时实行转岗、换岗作业。

(6) 加强有害物质及预防措施的宣传教育。建立健全安全生产责任制、卫生责任制和岗位安全责任制。

三、生产性噪声的防护

噪声危害损害听觉,引起各种病症,甚至引发事故。

预防噪声危害的措施有:

(1) 控制噪声传播。隔声:用吸声材料、吸声结构和隔声装置将噪声源封闭,防止噪声传播。消声:用吸声材料铺装室内墙壁或悬挂于室内空间,可以吸收和反射声能,降低传播中噪声的强度水平。

(2) 采用合理的防护措施。如利用耳塞防护。合适的耳塞隔声效果可达 30~40 dB(A),对高频噪声的阻隔效果较好。

(3) 合理安排劳动制度。工作时间穿插休息时间,休息时间离开噪声环境,限制噪声工作时间,可减轻噪声对人体的危害。

(4) 卫生保健措施。对受到噪声危害的人员定期体检,听力下降者及时治疗,重者调离噪声作业。就业前体检或定期体检中发现的听觉器官疾病、心血管病、神经系统器质性疾病者,不得从事噪声环境工作。

四、生产性振动的危害和防护

在生产过程中,按振动作用于人体的方式可将振动分为局部振动和全身振动。局部振动是最常见的和危害较大的振动。

振动危害的预防措施有:

(1)对局部振动的减振措施。改革工艺和设备,改革工作制度。合理使用减振用品,建立合理的劳动制度,限制作业人员接触振动的时间。煤矿井下的振动危害主要来自风动凿岩机、综采综掘机械及其他机械。

(2)对全身振动的减振措施。在有可能产生较大振动设备的周围设置隔离地沟,衬以橡胶、软木等减振材料,以确保振动不能外传。对振动源采取减振措施,如用弹簧等减振阻尼器,减少振动的传播距离。井下采煤机、掘进机、柴油车等座椅下加泡沫垫等,减弱运行中由于各种原因传来的振动。另外,利用尼龙件代替金属件,可减少机器的振动;及时检修设备,可以防止因零件松动引起的振动。

五、高温作业的防护

高温作业对人体的循环系统、消化系统、泌尿系统、神经系统等都有危害。

高温作业的防护措施有:

(1)通风降温。加大风速排除热量。风速与温度有一定的关系,合适的风速可使温度降到一定的程度。

(2)喷雾洒水降温。在工作面喷雾洒水既可以降温又可以降尘。

(3)保健防护。供给含盐饮料,以补充人体所需水分和盐分。

(4)发放保健食品。高温环境下作业,人体能量消耗快,应增加蛋白质、热量、维生素等的摄入,以减轻疲劳,提高工作效率。

(5)个人防护。给工作人员提供结实、耐热、宽大、便于操作的工作服、工作帽、防护眼镜、隔热面具、隔热靴等。

(6)医疗防护。对在高温条件下的作业人员进行就业前体检,凡有心血管系统疾病、高血压、溃疡病、肺气肿、肝病、肾病等疾病不宜从事高温作业的人员不安排高温作业或调离高温作业。

安全素质基本要求三
煤矿劳动防护用品的配备

学习目标

1. 熟悉如何选择防护功能和效果适用的劳动防护用品。
2. 熟悉劳动者如何正确佩戴和使用劳动防护用品。

安全素质基本要求相关知识

劳动防护用品是指由用人单位为劳动者配备的,使其在劳动过程中免遭或者减轻事故伤害及职业病危害的个体防护装备。劳动防护用品是由用人单位提供的,保障劳动者安全与健康的辅助性、预防性措施,不得以劳动防护用品替代工程防护设施和其他技术、管理措施。

根据《用人单位劳动防护用品管理规范》以及《煤矿防护用品配备标准》的要求,用人单位应按照识别、评价、选择的程序,结合劳动者作业方式和工作条件,并考虑其个人特点及劳动强度,选择防护功能和效果适用的劳动防护用品,并指导劳动者正确佩戴和使用。

(1) 接触粉尘和有毒、有害物质的劳动者应当根据不同粉尘种类、粉尘浓度及游离二氧化硅含量和毒物的种类及浓度配备相应的呼吸器、防护服、防护手套和防护鞋等。

(2) 接触噪声的劳动者当暴露于 80 dB(A)≤噪声 8 h 等效声级＜85 dB(A)的工作场所时,用人单位应当根据劳动者需求为其配备适用的护听器;当暴露于噪声 8 h 等效声级≥85 dB(A)的工作场所时,用人单位必须为劳动者配备适用的护听器。

(3) 工作场所中存在电离辐射危害的,经危害评价确认劳动者需佩戴劳动防护用品的,用人单位可参照电离辐射的相关标准及《个体防护装备配备基本要求》(GB/T 29510)为劳动者配备劳动防护用品。

(4) 从事存在物体坠落、碎屑飞溅、机械转动和锋利器具等作业的劳动者,用人单位还可参照《个体防护装备选用规范》(GB/T 11651)、《头部防护 安全帽选用规范》(GB/T 30041)和《坠落防护装备安全使用规范》(GB/T 23468)等标准,为劳动者配备适用的劳动防护用品。

(5)同一工作地点存在不同种类的危险、有害因素的,应当为劳动者同时提供防御各类危害的劳动防护用品。需要同时配备的劳动防护用品,还应考虑其可兼容性。劳动者在不同地点工作,并接触不同的危险、有害因素,或接触不同的危害程度的有害因素的,为其选配的劳动防护用品应满足不同工作地点的防护需求。

(6)劳动防护用品的选择还应当考虑其佩戴的合适性和基本舒适性,根据个人特点和需求选择适合型号和式样。

(7)用人单位应当在可能发生急性职业损伤的有毒、有害工作场所配备应急劳动防护用品,放置于现场邻近位置并有醒目标识。用人单位应当为巡检等流动性作业的劳动者配备随身携带的个人应急防护用品。

安全素质基本要求四
职业病诊断、鉴定与职业病患者保障

学习目标

1. 熟悉职业健康监护相关内容。
2. 熟悉职业病诊断与鉴定相关内容。

安全素质基本要求相关知识

一、职业健康监护

职业健康监护是指以预防为目的,根据劳动者的职业接触史,通过定期或不定期的医学健康检查和健康相关资料的收集,连续性地监测劳动者的健康状况,分析劳动者健康变化与所接触的职业病危害因素的关系,并及时将健康检查和资料分析结果报告给用人单位和劳动者本人,以便及时采取干预措施,保护劳动者的健康。

职业健康监护主要包括岗前职业健康检查、在岗期间职业健康检查、离岗后职业健康检查、应急健康检查和职业健康监护档案管理等内容。

1. 职业健康检查

职业健康检查分为上岗前职业健康检查、在岗期间职业健康检查和离岗时职业健康检查。

2. 职业健康检查项目及体检周期

根据《职业健康监护技术规范》(GBZ 188)的基本要求,按照《煤矿作业场所职业病危害防治规定》,与煤炭行业有关的职业健康检查内容如下。

(1)游离二氧化硅粉尘,检查周期:1年。

(2)煤尘,检查周期:2年。

(3)水泥尘、电焊烟尘,检查周期:2年。

(4)噪声,检查周期:作业场所噪声8 h等效声级≥85 dB(A),1年1次;80 dB(A)≤作业场所噪声8 h等效声级<85 dB(A),2年1次。

(5)高温,检查周期:1年,应在每年高温季节到来之前进行。

(6)手传振动,检查周期:2年。

(7)氮氧化物,检查周期:1年。

(8)一氧化碳,检查周期:3年。

(9)硫化氢,检查周期:3年。

《煤矿作业场所职业病危害防治规定》规定:煤矿不得安排未经上岗前职业健康检查的人员从事接触职业病危害的作业;不得安排有职业禁忌的人员从事其所禁忌的作业;不得安排未成年工从事接触职业病危害的作业;不得安排孕期、哺乳期的女职工从事对本人和胎儿、婴儿有危害的作业。劳动者接受职业健康检查应当视同正常出勤,煤矿企业不得以常规健康检查代替职业健康检查。

二、职业病诊断与鉴定

劳动者健康出现损害需要进行职业病诊断、鉴定的,煤矿企业应当如实提供职业病诊断、鉴定所需的劳动者职业史和职业病危害接触史、作业场所职业病危害因素检测结果等资料。

1. 职业病诊断

职业病诊断必须在职业病诊断机构进行,应选择用人单位所在地、劳动者本人户籍所在地或者经常居住地的职业病诊断机构进行职业病诊断。职业病诊断机构组织 3 名以上单数职业病诊断医师进行集体诊断。职业病诊断医师独立分析、判断并提出诊断意见,任何单位和个人无权干预。职业病诊断机构作出职业病诊断结论后,出具职业病诊断证明书。证明书包括诊断结论和诊断时间。

2. 职业病鉴定

当事人如果对职业病诊断结果或职业病鉴定结论有异议,可以在接到职业病诊断证明书之日起 30 日内,向职业病诊断机构所在地设区的市级卫生行政部门申请鉴定。当事人对设区的市级职业病鉴定结论不服的,可以在接到鉴定书之日起 15 日内,向原鉴定组织所在地省级卫生行政部门申请再次鉴定。职业病鉴定实行两级鉴定制,省级职业病鉴定结论为最终鉴定。

3. 职业健康监护档案

煤矿应当为劳动者个人建立职业健康监护档案,并按照规定的期限妥善保存。职业健康监护档案应当包括劳动者个人基本情况、劳动者职业史和职业病危害接触史,历次职业健康检查结果及处理情况,职业病诊疗等资料。劳动者离开煤矿时,有权索取本人职业健康监护档案复印件,煤矿必须如实、无偿提供,并在所提供的复印件上签章。

模块四　煤矿灾害防治与应急避险

安全素质基本要求一
煤矿顶板灾害防治与应急避险

学习目标

1. 熟悉顶板冒落的预防相关内容。
2. 熟悉顶板冒落的预兆相关内容。
3. 熟悉顶板冒落处置措施。
4. 熟悉发生冒顶事故时的应急避险相关要求。

安全素质基本要求相关知识

顶板事故是指在井下采掘和生产服务过程中,顶板意外冒落造成的人员伤亡、设备损坏、生产中止等事故,是煤矿五大自然灾害之一。其导致的事故危害主要有三种:① 人员被堵、被埋或伤亡;② 已经或可能影响通风系统安全运行;③ 造成设备损坏、生产中止。

一、顶板冒落的预防

(1)采取有效的支护措施。

(2)及时处理局部漏顶,以免引起大范围冒顶。

(3)坚持敲帮问顶及围岩观测分析制度,在进入采掘工作面装煤、支护前、装药前、爆破后等关键环节,要坚持敲帮问顶,处理已离层的顶板,如果处理不下来,应先进行临时支护。

(4)严格按照规程作业。严禁空顶作业,所有支架必须架设牢固,严禁在浮煤或浮矸上架设支架。

二、顶板冒落的预兆

(1)响声。顶板连续发出断裂声,这是由于直接顶和基本顶发生离层或顶板切断发出的声音。有时采空区内顶板发出像闷雷的声音,这是基本顶和上方岩层产生离层或断裂的声音。岩层下沉断裂、顶板压力急剧加大时,支架会发出很大声响。

(2)掉渣。顶板岩石已有裂缝和碎块,其中小矸石稍受震动就掉落。这种掉渣一般由少逐渐增多,由稀逐渐变密。

(3)片帮。冒顶前煤壁所受压力增加,变得松软,片帮煤比平时多。

(4)漏顶。破碎的伪顶或直接顶,在大面积冒顶以前,有时因为背顶不严或支架不牢而出现漏顶。

(5)裂缝。顶板的裂缝张开,裂缝增多。

(6)脱层(离层)。检查顶板是否脱层要用"敲帮问顶"的方法,如果声音清脆,表明顶板完好;如果顶板发出"空空"的响声,说明上下岩层已经脱离。

(7)瓦斯涌出量突然增大。

(8)顶板淋水增大。

三、顶板处置措施

1. 采煤工作面处置措施

(1)当冒落的煤、矸埋压住人时,不可惊慌,应在区队长、班组长和有经验的老工人的指挥下,严密监视冒落的顶板及两帮情况,加固冒顶处 10 m 范围内支护,用长柄工具捣掉悬矸、危岩后,由有经验的工人由外向里进行支护,动作要迅速,并设专人观察顶板。留好退路,严防继续冒落伤人,组织人力积极抢救被埋人员。

(2)抢救时仔细侦察,分析遇险者位置和被压情况,尽量不破坏冒落矸石的堆积状态,小心搬开煤、矸救出伤员,严禁用锹、镐等强挖硬砸。

(3)救出伤员后及时采取止血、包扎、骨折固定等救护措施,发生呼吸停止的要立即进行人工呼吸等现场救助并迅速送往医院。

（4）若垮落、冒顶将人员堵在独头巷道,被堵人员要沉着、冷静,不要慌乱、乱喊乱叫,并设法自救。

（5）若冒顶面积大,处理时间长,被堵人员要静卧休息,减少氧气消耗,有压风管路时可打开阀门,放入空气供人呼吸。节约矿灯电量、食物和水。若冒落的煤和矸不太多,可能扒出通道口时,应采取由有经验的老工人监视顶板,其他人员轮流擂扒的方法进行自救,并间断性地敲击金属物发出求救信号。

2. 掘进、巷修工作面处置措施

（1）当发生顶板冒顶事故时,现场人员不可惊慌,要在区队长、班组长和有经验的老工人指挥下,严密监视顶板及两帮的情况,在确保安全的前提下立即加强、加固冒顶处 10 m 范围内的支护。

（2）处理冒顶时,要用长钎子捣掉可能冒落的悬矸、危岩,由有经验的老工人由外向里进行支护,一般采用架设木垛的方法,在没有冒落危险的情况下,设专人观察顶板,留好退路,迅速架好支架,排好护顶木垛,一直到冒顶最高点将顶托住。

（3）当冒落的煤、岩石埋压住人员时,要仔细侦察,分析遇险人员的位置和被埋压情况,在安全的前提下组织抢救工作。抢救中要尽量不破坏冒落岩石的堆积状态,小心搬开冒落的岩石,严禁使用锹、镐等强挖硬砸,严防对埋压人员造成二次伤害。

（4）救出的伤员要及时采取止血、包扎、骨折固定等急救措施,发生呼吸停止的要立即进行人工呼吸等现场救助并迅速送往医院。

（5）若冒落的矸石将人员堵在独头巷道内,被堵人员要沉着、冷静,不要乱喊乱叫。若冒顶面积大,处理的时间长,被堵人员应立即静坐休息,注意节约矿灯电量、食品和水,减少氧气消耗,保持足够的体力。有压风管的应打开压风阀门,保持良好的通风;若冒顶面积不太大,被堵人员应在区队长、班组长和有经验的老工人指挥下,专人监视顶板情况,采用轮番擂扒冒落岩石的方法组织自救,并间断性敲打铁管、钢轨等发出呼救信号,等待救援。

（6）当冒顶的范围大,影响通风或人员被堵,可采用小断面快速修复的方法,架设比原来巷道规格小得多的临时支护,采用撞楔法把冒落的岩石控制住,从巷道两侧清理岩石,且边清理边维护,防止煤矸流入巷道。帮、顶维护好后,就可以架设永久支护。

(7) 当冒顶的长度大,不易处理时,可采用打绕道的方法,绕过冒落区去抢救被堵人员,或绕过冒落区后再转入正常掘进。

四、发生冒顶事故时的应急避险

(1) 迅速撤离。当发现工作地点有即将发生冒顶的征兆而又难以采取措施防止顶板冒落时,要迅速离开危险区,撤退到安全地点。

(2) 及时躲避。当冒顶发生而又来不及撤至安全地点时,应靠煤帮贴身站立避灾,但要注意避免煤壁片帮伤人;如靠近木垛,也可撤至木垛处避灾。

(3) 立即求救。冒落基本稳定后,遇险人员应立即采用呼叫、敲打(不要敲打对自己有威胁的支架、物料和岩块)等方法,发出有规律、不间断的求救信号,以便救援人员了解灾情,组织力量进行抢救。

(4) 自救和互救。事故发生后,遇险人员要听从灾区区队长、班组长和有经验的老工人的指挥,在保证安全的前提下,积极开展自救和互救。正视已发生的灾害,注意保持自身体力,未受伤和受轻伤人员要采取切实可行的措施设法营救被掩埋人员,并尽可能脱离险区或转移到较安全地点等待救援。

(5) 配合营救。发生冒顶埋人事故时,被埋压的人员不要惊慌失措,切忌猛烈挣扎;被隔堵的人员应在遇险地点维护好自身安全,构筑脱险通道,配合外部的营救工作。

(6) 现场安全负责人应根据现场实际情况采取果断措施进行处理;当无法处理时,要迅速带领人员撤离,防止事故扩大。

安全素质基本要求二
煤矿水灾防治与应急避险

 学习目标

1. 熟悉矿井水灾相关内容。

2.熟悉矿井水灾预防相关内容。

3.熟悉发生透水事故前的预兆。

4.熟悉矿井发生突水事故时的应急避险。

5.熟悉发生突水事故后撤离现场时应注意的事项。

安全素质基本要求相关知识

一、矿井水灾特点与类型

矿区内大气降水、地表水、地下水通过各种通道涌入井下，成为矿井涌水。当矿井涌水量超过矿井正常排水能力时即会发生水患，称为矿井水灾，通常也称为透水。

煤矿水害是指发育于主要开采煤层顶底板直接或间接含水层中的水在矿井采掘过程中通过天然或人为扰动的导水通道进入矿井并给矿井带来灾害的过程与结果。

1.突水的特点

(1)突发性强，无明显前兆。

(2)水量增速快，灾害控制难度大。

(3)突水往往具有时滞性，容易造成误解。

(4)突水量与过水通道有相互促进现象。

2.按水源划分的各种水害类型

(1)顶板裂隙水水害：水源为砂岩、砾岩等裂隙含水层的水。当煤层顶部有厚层砂岩和砾岩含水层，在裂隙发育时，若与上覆第四系冲积层发生水力联系，极可能导致较大突水事故。

(2)底板灰岩水水害：在掘进或回采过程中，由于揭露导水断层、过导水灰岩陷落柱、煤层底板隔水层厚度变小或裂隙发育等情况，常常引起底板突水，造成淹面或淹井。

(3)断层水水害：断层水即断裂带的积水，断层面通常还与不同的含水层连通，甚至与地表水相通，断层水的危害极大。

(4)老空积水水害：由于预测预报不准或探放老空积水不彻底，当采掘巷道接近或遇到老空积水区时，引发大量老空水短时间内涌出，来势凶猛，常造成恶性事故。

(5) 封闭不良钻孔水害：封闭不良的钻孔就是一个良好的导水通道，它可以沟通钻孔所穿过的所有含水层和地表水而导致水害事故。

(6) 地表水水害：地表水通过采后冒落带、岩溶塌陷坑、断层带及封闭不良钻孔导入井下；或因工作面超限回采，破坏冲积层下防隔水煤柱，导致冲积层水和地表水溃入采煤工作面。

(7) 洪水水害：特大暴雨、洪水冲毁工业广场，造成泄水不畅，水位急速抬高，洪水从井口直接溃入井下。

二、矿井水灾预防

防治水工作要坚持以防为主、防治结合，以及当前与长远、局部与整体、地面与井下、防治与利用相结合的原则；坚持"预测预报、有疑必探、先探后掘、先治后采"的十六字方针；落实"探、防、堵、疏、排、截、监"七项措施，根据不同的水文地质条件，采用不同的防治方法，因地制宜，统一规划，综合治理。

(1) 严格按照规定留设防隔水煤（岩）柱。

(2) 在井下必要的地点设置截水建（构）筑物，如防水闸门和防水闸墙。

(3) 建立完善的井下排水系统。

(4) 严格按照有关规定进行矿井探放水。

三、发生透水事故前的预兆

1. 一般预兆

(1) 挂红。在煤（岩）裂隙表面附着有暗红色的水锈。

(2) 挂汗。煤（岩）壁上凝结有水珠，说明此时巷道接近积水区。但有时空气中的水分遇到低温煤（岩）壁也会挂汗，这是一种假象。所以，遇到煤（岩）壁挂汗时，要辨别真伪，其辨别方法是剥去一薄层煤（岩），观察新暴露面是否也有潮气，若有则是透水预兆。

(3) 空气变冷。工作面接近大量积水时，气温骤降，煤壁发凉，人一进去就有阴冷的感觉，时间愈长愈感到阴凉。

(4) 出现雾气。当巷道温度很高时，积水渗到煤壁后蒸发而形成雾气。

(5) 水叫。若在采煤工作面煤壁、岩层内听到"吱吱"的水叫声，说明已接近高压积水区。若是煤巷掘进,则透水即将发生,这时必须立即发出警报,撤出所有受水威胁的人员。

(6) 煤层变湿、淋水加大。这表明已接近积水区。

(7) 矿压增大、顶板来压、片帮、底板鼓起。

(8) 水色发浑,有臭味。这是接近老空积水的征兆。

(9) 钻孔喷水、煤壁溃水。

(10) 裂缝出现渗水。若出水清净,则离积水区较远;若出水混浊,则离积水区较近。

(11) 煤层变潮湿、松软;煤帮出现滴水、淋水现象,且淋水可由小变大;有时煤帮出现铁锈色水迹。

(12) 工作面气温降低,或出现雾气及硫化氢气味。

(13) 有时可听到水的"嘶嘶"声。

2. 工作面底板灰岩含水层突水预兆

(1) 工作面压力增大,底板鼓起,底鼓量可达 500 mm 以上。

(2) 工作面底板产生裂隙,并逐渐增大。

(3) 沿裂隙或煤帮向外渗水,随着裂隙的增大,水量增加,当底板渗水量增大到一定程度时,煤帮渗水可能停止,此时水色时清时浊,底板活动时水变浑浊,底板稳定时水变清。

(4) 底板破裂,沿裂缝有高压水喷出,并有"嘶嘶"声或刺耳水声。

(5) 底板发生"底爆",伴有巨响,水大量涌出,水色呈乳白或黄色。

3. 冲击层水的突水预兆

(1) 突水部位发潮、滴水,滴水逐渐增大,仔细观察可发现水中有少量细砂。

(2) 发生局部冒顶,水量突增并出现流砂,流砂常呈间歇性,水色时清时浑,总的趋势是水量、砂量增加,直至流砂大量涌出。

(3) 顶板发生溃水、溃砂,这种现象可能影响到地表,致使地表出现塌陷坑。

四、矿井发生突水事故时的应急避险

矿井发生突水事故时,要根据灾情迅速采取以下有效措施进行紧急避险:

（1）在突水迅猛、水流急速的情况下，现场人员应立即避开出水口和泄水流，躲避到硐室内、拐弯巷道或其他安全地点。如情况紧急来不及转移躲避，可抓牢棚梁、棚腿或其他固定物体，防止被涌水冲倒和冲走。

（2）当老空水涌出，使所在地点有毒有害气体浓度增高时，现场人员应立即佩戴好隔离式自救器。在未确定所在地点空气成分能否保证人员生命安全时，禁止任何人随意摘掉自救器的口具和鼻夹，以避免中毒窒息事故发生。

（3）井下发生突水事故后，决不允许任何人以任何借口在不佩戴防护器具的情况下冒险进入灾区；否则，不仅达不到抢险救灾的目的，反而会造成自身伤亡、扩大事故。

（4）水害事故发生后，在现场及附近地点工作的人员脱离危险后，应在可能情况下迅速观察和判断突水的地点、涌水的程度、现场被困人员的情况等，并立即报告矿井调度室。同时，应利用电话或其他联络方式及时向下部水平和其他可能受到威胁区域的人员发出警报通知。

五、发生突水事故后撤离现场时的注意事项

如果涌水来势凶猛、现场无法抢救或者将危及人员安全，井下职工应沿着规定的避灾路线和安全通道迅速撤退到上部水平或地面。在行动中应注意下列事项。

1. 井下发生水灾初期的自救

（1）井下发生突水后，应立即用最快的方法通知附近区域的人员一起按照矿井灾害预防和处理计划中所规定的路线撤出。

（2）突水初期，水势很猛，冲力很大，人员撤退时一定要注意向高处走，沿着上山方向进入上部水平，然后出井。

（3）在撤退中，如出路已被水隔断，就要寻找井下位置最高、离井筒和大巷最近的地点暂时躲避；同时定时在钢轨和水管上敲打发出求救信号。

（4）如突水区设立水闸门，在人员撤出后，要立即紧紧关死水闸门，把水流完全隔断。

（5）水泵房人员在接到突水事故报警后，要立即关闭泵房两侧的密闭门,启动所有水泵,把突出的水尽快排出;没接到救灾领导人的撤退命令,绝对不可离开工作岗位。

(6) 突水后,特别是老空积水突出以后,往往会从积水的空间放出大量有害气体,如瓦斯、硫化氢等,所以在避灾自救中要注意防止有害气体中毒和窒息。

2. 水灾现场处理

(1) 应迅速判定水灾的性质,了解突水地点、影响范围、静止水位,估计突出水量、补给水源及有影响的地面水体。

(2) 要掌握灾区范围、搞清事故前人员分布,分析被困人员可能躲避的地点以便迅速组织抢救。

(3) 根据突水量的大小和矿井排水能力,积极采取排、堵、截水的技术措施。

(4) 加强通风,防止瓦斯和其他有害气体的积聚和发生熏人等事故。

(5) 在排水后进行侦察、抢险时,要防止冒顶、掉底和二次突水。

(6) 在抢救和运送长期被困井下的人员时,要采取措施避免因突然改变他们已适应的环境和生存条件而造成不应有的伤亡。

3. 撤离注意事项

(1) 撤离前,应当设法将撤退的避灾路线和目的地告知矿井负责人。

(2) 透水后,应在可能的情况下,迅速观察和判断透水的地点、水源、涌水量、发生原因、危害程度等情况,根据预防水灾的避灾路线迅速撤至透水地点以上的水平,而不能进入突水点附近及下方独头巷道。

(3) 行进中应靠近巷道一侧,抓牢支架或其他固定物体,尽量避开压力水头和泄水主流,并注意防止被水中滚动的矸石和木料撞伤。

(4) 若透水破坏了巷道中的照明和路标,遇险人员应朝着有风流通过的上山巷道方向撤退。

(5) 在撤退沿途和所经过的巷道交叉口,应留设指示行进方向的明显标志,以提示救护人员注意。

(6) 人员撤退到竖井需从梯子间上去时,应遵守秩序,不要慌乱和争抢。行动中手要抓牢,脚要蹬稳,切实注意本人和他人安全。

(7) 撤退过程中,若唯一出口被堵塞而无法撤退,应有组织地在独头工作面躲避,等待救护人员营救,严禁盲目潜水等冒险行为。

(8)被困期间断绝食物后,即使在饥饿难忍的情况下,也应努力克制自己,绝不嚼食杂物充饥。需要饮用井下水时,选择适宜的水源,并用纱布或衣服过滤。

(9)长时间被困井下,发现救护人员到来营救时,不可过度兴奋和慌乱。

安全素质基本要求三
煤矿火灾防治与应急避险

 学习目标

1. 熟悉煤炭自燃的初期预兆。
2. 熟悉井下火灾的灭火方法。
3. 熟悉火灾事故的应急避险。
4. 熟悉发生火灾事故后安全撤离时的注意事项。

安全素质基本要求相关知识

凡发生在井下的火灾及发生在井口附近能够危害到井下安全的火灾,都叫作矿井火灾。发生矿井火灾的原因有两种:一是外部火源引起的火灾,二是煤炭本身的物理化学性质的内在因素引起的火灾。因此,矿井火灾分为两类:外因火灾和内因火灾。

外因火灾,又称外源火灾。在井下违章吸烟、拆卸矿灯、放明炮、电焊、气焊等,都可能引起井下火灾。内因火灾,又称煤炭自燃火灾。

一、煤炭自燃的初期预兆

煤矿内因火灾事故隐患主要表现为煤炭自然发火。煤炭自燃的初期预兆有如下几种:

(1)巷道内湿度增加,出现雾气、水珠。煤炭氧化初期生成水分,往往使巷道内湿度增加,出现雾气或在巷道壁上挂有水珠;浅部开采时,冬季在地面钻孔或塌陷处会发现水蒸气冒出或冰雪融化现象。

（2）煤炭自燃放出焦油味。煤炭从"发烧"（自热）到自燃过程中，氧化时会产生多种碳氢化合物，并放出煤油味、汽油味、松节油味或焦油味等。当嗅到这些气味时，说明煤已自燃到了一定程度。

（3）巷道内发热，气温升高。煤炭氧化自燃过程中要释放出大量热量。因此，从自然发火的地方流出的水和空气的温度比平时要高，人的皮肤可以直接感觉到。

（4）人有疲劳感。煤炭氧化自燃过程中，会放出有害气体，如二氧化碳、一氧化碳、二氧化硫等，这些有害气体会使人感到头痛、闷热、精神不振、不舒服、有疲劳感。尤其是多数人有同感时，应提高警惕，查明原因，以防矿井火灾的发生。

二、井下火灾的灭火方法

煤矿灭火方法有直接灭火、隔绝灭火和封闭火区 3 种。

1. 直接灭火

（1）采用灭火剂或挖出火源等方法把火直接扑灭，称为直接灭火法。常用的灭火剂有水、泡沫、干粉、二氧化碳、四氯化碳、卤代烷、惰气、砂子和岩粉等。

① 水。水是不燃液体，是消防上常用的灭火剂之一。使用水灭火的方法有水射流和水幕两种形式。

② 泡沫。泡沫是一种体积小，表面被液体围成的气泡群。泡沫的比重小，且流动性好，可实现远距离立体灭火，具有持久性和抗燃烧性，导热性能低，黏着力大。

③ 干粉。干粉灭火剂是目前公认的灭火效力较高的一种新型的化学灭火剂，应用范围比较广泛。

④ 卤代烃灭火剂。常用的卤代烃灭火剂是用氟、氯、溴取代甲烷和乙烷中的氢而制成的，因此也叫卤代烷灭火剂。

⑤ 砂子和岩粉。砂子和岩粉在煤矿广泛应用于扑灭电气火灾。

（2）消除可燃物。直接灭火除了向火源喷射灭火剂以外，在有些条件下还可以清除可燃物，消除燃烧的物质基础。煤矿常用的是挖除火源。

(3) 用凝胶处理高温点和自燃火源。凝胶是近年来应用于煤矿井下防灭火较为广泛的材料,由基料[硅酸盐(水玻璃)]＋促凝剂(碳酸氢氨等盐类)＋水(90％左右)组成。

(4) 灌浆灭火。灌浆灭火是煤矿井下常用的灭火方法。灌浆灭火的方法因火源位置不同而异。常用的方法有井下巷道(钻窝)打钻灌浆、在火区密闭墙上插管灌浆和地面钻孔注浆 3 种。

2. 隔绝灭火

当不能直接将火扑灭时,为了迅速控制火势,使其熄灭,可在通往火源的所有巷道内砌筑密闭墙,使火源与空气隔绝。

3. 封闭火区

封闭火区的方法分为 3 种:

(1) 锁风封闭火区。从火区的进回风侧同时密闭,封闭火区时不保持通风。这种方法适用于氧气浓度低于瓦斯爆炸界限(小于 12％)的火区。

(2) 通风封闭火区。在保持火区通风的条件下,同时构筑火区进回风两侧的密闭。

(3) 注惰气封闭火区。

三、火灾事故的应急避险

(1) 井下若发现烟气或明火等火灾灾情,应立即通知在附近工作的人员及调度室。

(2) 如果火灾范围不大,应立即组织力量扑灭。

(3) 如果火灾范围大或是火势凶猛,则应在撤出灾区人员、保证自身安全的前提下,采取稳定风流、控制火势发展、防止人员中毒和预防瓦斯或煤尘爆炸的措施,并随时保持与地面指挥部的联系,根据指挥部的命令行事。

(4) 见到火或突然接到火警通知,需要立即撤退人员,要在判明灾情和自己实际处境以及应采取的应急措施的前提下再采取行动。

四、发生火灾事故后安全撤离时的注意事项

发生火灾事故时,如果不能直接扑灭或控制灾情,应迅速撤离火灾现场,撤离时要注意以下事项:

（1）要尽最大可能迅速了解或判明事故的性质、地点、范围和事故区域的巷道情况、通风系统、风流、火灾烟气蔓延的速度和方向，以及与自己所处巷道位置之间的关系，并根据矿井灾害预防与事故处理计划和现场实际情况确定撤退路线和避灾自救方法。

（2）撤退时，任何人在任何情况下都不要惊慌、不能狂奔乱跑，应在现场负责人和有经验的老工人带领下有组织地撤退。位于火源进风侧的人员，应迎着新鲜风流撤退。位于火源回风侧的人员或是在撤退途中遇到烟气有中毒危险时，应迅速佩戴好自救器，尽快通过捷径绕到新鲜风流中去，或是在烟气没有到达之前顺着风流尽快从回风出口撤到安全地点；如果距火源较近而且越过火源没有危险时，也可迅速穿过火区撤到火源的进风侧。

（3）如果在自救器有效作用时间内不能安全撤出，应在设有存储备用自救器的硐室换用自救器后再行撤退，或是寻找有压风管路系统的地点以压缩空气供呼吸之用。

（4）撤退行动既要迅速果断又要快而不乱。撤退中应靠巷道有连通出口的一侧行进，避免错过脱离危险区的机会，同时还要随时注意观察巷道和风流的变化情况，谨防火风压可能造成的风流逆转。

（5）如果是逆风或顺风撤退都无法躲避着火巷道或火灾烟气造成的危害，则应迅速进入避难硐室，没有避难硐室时应在烟气袭来之前选择合适的地点就地利用现场条件快速构筑临时避难硐室，进行避灾自救。

安全素质基本要求四
煤矿瓦斯事故的防治与应急避险

学习目标

1. 熟悉瓦斯爆炸及其预防相关内容。

2. 熟悉煤与瓦斯突出及其预防相关内容。

安全素质基本要求相关知识

在煤矿事故中与瓦斯有关的事故有 5 种,即瓦斯爆炸事故、瓦斯燃烧事故、瓦斯窒息事故、瓦斯喷出事故和煤与瓦斯突出事故。这 5 种事故通常都会造成重大人员伤亡,其中,瓦斯爆炸事故和煤与瓦斯突出事故发生频繁,危害最大。

一、瓦斯爆炸及其预防

瓦斯爆炸就是瓦斯(CH_4)在高温火源的作用下,与空气中的氧气发生剧烈的化学反应,生成二氧化碳和水蒸气,同时产生大量的热量,形成高温、高压,并以极高的速度向外冲击而产生的动力现象。

1. 瓦斯爆炸条件

瓦斯发生爆炸必须同时具备 3 个基本条件:一是瓦斯浓度在爆炸界限内,一般为 5%~16%;二是混合气体中氧气的浓度不小于 12%;三是有足够能量的点火源,温度在 650~750 ℃。瓦斯爆炸的 3 个条件必须同时满足,缺一不可。

2. 预防瓦斯爆炸的措施

预防瓦斯爆炸应从瓦斯爆炸的 3 个条件入手,即设法防止瓦斯积聚和出现引燃火源;同时一旦出现瓦斯爆炸,还要设法防止爆炸事故扩大。

(1) 防止瓦斯积聚的措施。瓦斯积聚是指在 0.5 m³ 及以上空间中瓦斯浓度达到 2% 及以上的现象。防止瓦斯积聚应落实瓦斯防治"十二字方针",即先抽后采、监测监控、以风定产,从源头上消除瓦斯的危害。防止瓦斯积聚的基本方法如下:① 加强通风;② 加强瓦斯浓度和通风情况的检查;③ 及时处理局部积聚的瓦斯。

(2) 防止瓦斯引燃的措施:① 防止明火;② 防止电火花;③ 防止爆破引燃瓦斯;④ 防止机械摩擦、冲击火花。

(3) 限制瓦斯爆炸范围扩大的措施:

① 实行分区通风。

② 通风系统力求简单。

③ 装有主要通风机的出风井口应安装防爆门,以防止发生爆炸时通风机被毁坏,造成救灾和恢复生产困难。

④ 开采有煤尘、瓦斯爆炸危险的矿井,都必须用水棚或岩粉棚隔开。

⑤ 每个矿井每年必须由矿技术负责人组织编制矿井灾害预防和处理计划。

3. 发生瓦斯爆炸事故时的应急避险

(1) 当灾害发生时一定要镇静清醒,不要惊慌失措、乱喊乱跑。当听到或感觉到爆炸声响和空气冲击波时,应立即背朝声响和气浪传来的方向、脸朝下、双手置于身体下面、闭上眼睛迅速卧倒。头部要尽量低,有水沟的地方最好趴在水沟边上或坚固的障碍物后面。

(2) 立即屏住呼吸,用湿毛巾捂住口鼻,防止吸入有毒的高温气体,避免中毒和灼伤气管和内脏。

(3) 用衣服将自己身上的裸露部分尽量盖严,以防火焰和高温气体灼伤皮肉。

(4) 迅速戴好自救器,以防止吸入有毒气体。

(5) 高温气浪和冲击波过后应立即辨别方向,通过最短的距离进入新鲜风流中,并按照避灾路线尽快逃离灾区。

(6) 已无法逃离灾区时,应立即选择进入避难硐室中,充分利用现场的一切器材和设备来保护人员和自身安全。进入避难硐室后要注意安全,最好找到离水源近的地方,设法堵好硐口,防止有害气体进入。注意节约矿灯电量、食品和水,室外要做好标记,有规律地敲打连接外部的管子、轨道等,发出求救信号。

二、煤与瓦斯突出及其预防

煤与瓦斯突出是指在压力作用下,破碎的煤与瓦斯由煤体内突然向采掘空间大量喷出,它是一种瓦斯特殊涌出。

1. 煤与瓦斯突出的预兆

(1) 无声预兆。工作面顶板压力增大,使支架变形、煤壁外鼓、片帮、掉渣、顶板下沉或底板鼓起,煤层层理紊乱,煤暗淡无光泽,煤质变软,瓦斯涌出量异常或忽大忽小,煤壁发凉,打钻时有顶钻卡钻、喷瓦斯等现象。

（2）有声预兆。煤层在变形过程中发生劈裂声、闷雷声、机枪声、响煤炮，声音由远到近、由小到大，有短暂的、有连续的，间隔时间长短也不同，煤壁发生震动和冲击，顶板来压，支架发出断裂声。

特别注意：任何一次突出前，并不是所有预兆都出现，仅出现其中一种或数种，而且有的预兆还不明显；也有的预兆距发生突出的时间很短。因此，发现任何预兆，都要格外警惕，及时报告并躲避。

2. 煤与瓦斯突出的危害

大量的煤与瓦斯在短时间内向采掘空间突然喷出，突出的煤流或岩石流抛出会掩埋井下作业人员、堵塞巷道，造成风流逆转，破坏井下设施、设备和通风系统，井巷中充满高浓度瓦斯会引起人员缺氧窒息死亡。当突出瓦斯与新鲜风流汇合后，遇到火源还可能引发燃烧或爆炸使灾害事故扩大。

3. 煤与瓦斯突出事故的预防

防突工作必须坚持"区域综合防突措施先行、局部综合防突措施补充"的原则，按照"一矿一策、一面一策"的要求，实现"先抽后建、先抽后掘、先抽后采、预抽达标"。突出煤层必须采取两个"四位一体"综合防突措施，做到多措并举、可保必保、应抽尽抽、效果达标，否则严禁采掘活动。对于预防和治理煤与瓦斯突出的各种措施和方法，必须根据具体条件合理选择，并遵守以下各项规定：

（1）在突出地点工作的人员，必须经过专门训练，掌握防治突出的基本知识，熟悉突出的各种预兆和井下的避灾路线。

（2）突出煤层采掘工作面都必须有独立的通风系统，并设专人检查瓦斯。该区域要安设直通矿调度室的电话，发现有突出危险时，立即撤出人员。

（3）在突出危险区工作的人员必须佩戴隔离式自救器。

（4）在有突出危险的煤层中进行采掘作业时，在一个或相邻的两个采区中，同一煤层的同一区段禁止布置2个工作面同时相向回采、禁止2个工作面同时相向掘进。

（5）在有突出危险煤层中的掘进工作面，应在其进风侧的巷道中设置 2 道坚固的反向风门,并保持回风巷道畅通无阻。

（6）在突出煤层的采掘工作面附近的进风巷中,必须设置有供给压缩空气的避难硐室或压风自救装置。

4. 发生煤与瓦斯突出事故的应急避险

（1）佩戴隔离式自救器保护自己。

（2）寻找可避难的场所。

（3）新鲜风流区域的人员主动、正确地参加救护工作。

5. "四位一体"综合防突措施

我国对煤与瓦斯突出的防治技术进行了长期的研究,总结出了一套行之有效的两个（区域、局部）"四位一体"综合防突措施,在煤矿生产实际应用中取得了较好的效果。

（1）区域"四位一体"综合防突措施:区域突出危险性预测、区域防突措施、区域防突措施效果检验、区域验证。

（2）局部"四位一体"综合防突措施:工作面突出危险性预测、工作面防突措施、工作面防突措施效果检验、安全防护措施。

安全素质基本要求五
煤矿煤尘事故的防治与应急避险

👈 学习目标

1. 熟悉煤尘爆炸及其预防相关内容。

2. 熟悉煤尘爆炸预防措施。

3. 熟悉煤尘爆炸的应急避险相关内容。

👈 安全素质基本要求相关知识

在采掘生产过程中,特别是采掘工作面在爆破、落煤、运输过程中都会产生大量煤尘。煤尘危害主要有两个方面:一是对人体的危害。二是煤尘爆炸危害。煤尘爆炸是煤矿最严重的灾害之一,严重威胁矿井安全生产。

一、煤尘爆炸及其预防

风速过高会引起采掘工作面和运输巷道煤尘飞扬,而风速过低会使产尘点产生的煤尘排不出去导致浮尘量增加。带式输送机、刮板输送机各转载点如不采取有效防尘措施,会造成煤尘飞扬。当煤尘含量达到爆炸临界点,遇电气设备漏电产生的火花、爆破产生的火焰等引爆火源时,就会发生煤尘爆炸事故。

1. 煤尘爆炸事故灾害类型

(1)在采掘生产过程中,特别是采掘工作面在爆破、落煤、运输过程中都会产生大量煤尘,煤尘浓度可达到爆炸界限,当电气设备漏电产生火花、爆破产生火焰等引爆火源存在时,就会发生煤尘爆炸事故。

(2)煤尘爆炸时会产生高温、高压、有毒有害气体,造成人员伤亡、机械设备和巷道的破坏,强大的冲击波会造成风流逆转、通风系统紊乱,还可能引起其他地点连续爆炸。

(3)采掘工作面及其回风巷发生煤尘爆炸事故时,将影响本采区;当引起连续爆炸时,将扩大影响范围,直至影响整个矿井;进风井附近发生煤尘事故时,将影响其进风流中的所有工作地点,反风不及时将影响整个矿井。

2. 煤尘爆炸的条件

煤尘发生爆炸必须同时具备 3 个基本条件:一是煤尘本身具有爆炸性,而且浮游煤尘要达到一定浓度(下限为 45 g/m³,上限为 1 500~2 000 g/m³);二是混合气体中氧气的浓度不小于 18%;三是有足够能量的点火源,温度在 610~1 050 ℃之间。

二、煤尘爆炸预防措施

(1)矿井开采新水平、新煤层,要及时对煤层开展煤尘爆炸性鉴定工作,根据鉴定结果采取相应的安全措施,并将作业场所的煤尘降低到《煤矿安全规程》规定的浓度以下。

(2)建立煤尘监测制度,加强采掘工作面和主要场所的煤尘监测,消除煤尘隐患。

（3）加强巡查及管理，防止井下出现明火、爆破火焰、电气火花等引爆火源。

（4）按照"源头治理、科学防治"的原则，认真落实减尘、捕尘、洗尘有关规定。完善防尘洒水系统，采取湿式钻眼，使用水炮泥，爆破前后冲洗煤壁，爆破时采用高压喷雾或压气喷雾降尘，采掘面回风巷按规定安设自动控制风流净化水幕，转载点采用自动喷雾降尘或密闭尘源除尘器抽尘净化等措施。

三、煤尘爆炸的应急避险

发生煤尘爆炸事故后的危险区域，救援人员只能在救人的情况下才能进入，且必须采取有效措施，保证救援人员的安全。

（1）如果事故不能及时得到控制，或有扩大趋势，或抢救非常困难时，由指挥部决定是否请求外援。

（2）井下发生煤尘爆炸事故时，一般有较大声响和较强的冲击波以及煤尘飞扬。如发生以上情况，立即采取如下措施：

① 无论任何人，凡发现灾害事故，不论灾害程度如何、波及范围大小，都应立即向矿调度室汇报，并详细说明事故发生的地点、时间、类别、事故现场情况、冲击波的方向及事故可能波及的地点。

② 事故现场的区队长或工程技术人员及通风、安检部门人员应立即组织在场人员采取一切有效措施进行自救和抢险救灾，将事故消灭在初发阶段。

③ 不能有效消除危险时，应立即组织灾区人员和受威胁区域的人员迅速沿避灾路线撤离。

④ 采煤工作面发生事故时，受灾人员要以事故区为中心，分别由上、下顺槽撤退，转入安全的进风巷道。

（3）在发生煤尘爆炸事故灾区人员无法迅速撤离时，应考虑下述方法避灾：

① 避灾人员要戴上自救器或用湿毛巾堵住口鼻，以隔绝火焰和防止高温有害气体的伤害，待爆炸冲击波过去后，迅速撤到安全地点。

② 不能撤离的人员迅速转入独头巷道（最好是岩石巷道）等安全

地点,停止局部通风机,切断电源,断开风筒,堵住入口,防止有毒气体侵入,并在躲避地点巷道口悬挂矿灯、工具并定时敲打管子、铁轨等发出呼救信号,等待救援。

③ 避灾地点若有压风管,可设法打开压风管路,以便向避灾人员输送新鲜空气。

(4) 调度室接到井下灾情报告后,立即通知矿山救护队赶赴现场实施救援。

(5) 救护队伍到达现场后,要维持事故现场原状,经全面侦察后再采取措施。如果需要开动局部通风机供风,必须请示指挥部后再确定,不能贸然行事。

(6) 爆炸产生火灾,应同时进行灭火和救人,并应采取防止再次发生爆炸的措施。

(7) 井筒、井底车场或石门发生爆炸时,在侦察确定没有火源,无爆炸危险的情况下,应派遣 1 个小队救人,1 个小队恢复通风。如果通风设施损坏不能恢复,2 个小队应全部去救人。

(8) 爆炸事故发生在采煤工作面时,派 1 个小队沿回风侧、1 个小队沿进风侧进入救人,在此期间必须维持通风系统原状。

(9) 井筒、井底车场或石门发生爆炸时,为了排除爆炸产生的有毒、有害气体,抢救人员应在查清确无火源的基础上,尽快恢复通风。如果有害气体严重威胁回风流方向的人员,为了紧急救人,在进风方向的人员已安全撤退的情况下,可采取区域反风。之后,矿山救护队应进入原回风侧引导人员撤离灾区。

(10) 在救灾过程中,应采取措施防止局部火灾或瓦斯爆炸点燃被扬起的沉积煤尘引起二次爆炸。

(11) 根据事故的变化情况,由指挥部决定及时改变处理方案。

(12) 严格停送电措施,防止事故扩大。

(13) 医院急救人员根据情况迅速带齐物品进行现场急救。

(14) 需要矿井反风时,由总指挥下达反风命令。

安全素质基本要求六
生产安全事故及其防治基础知识

学习目标

1. 了解生产安全事故的概念及类型。
2. 了解生产安全事故的原因及预防。
3. 了解事故处理"四不放过"原则。

安全素质基本要求相关知识

一、生产安全事故的概念及类型

生产安全事故,是指生产经营单位在生产经营活动中发生的伤害人身安全和健康,或者损坏设备设施,造成经济损失,导致原生产经营活动暂时中止或永远终止的意外事件,包括造成人员死亡、伤害、职业病、财产损失或其他损失的所有意外事件。

1. 按《生产安全事故报告和调查处理条例》分类

根据《生产安全事故报告和调查处理条例》规定,生产安全事故一般分为特别重大事故、重大事故、较大事故和一般事故。造成30人及以上死亡的事故属于特别重大事故,造成10~29人死亡的事故属于重大事故,造成3~9人死亡的事故属于较大事故,造成1~2人死亡的事故属于一般事故。

2. 煤矿事故分类

(1)顶板事故,是指冒顶、片帮、顶板掉矸、顶板支护垮倒、冲击地压、露天煤矿边坡滑移垮塌等,底板事故视为顶板事故。

(2)瓦斯事故,是指瓦斯(煤尘)爆炸、燃烧,煤(岩)与瓦斯突出,中毒、窒息事故。

(3)机电事故,是指机电设备(设施)导致的事故,包括运输设备在安装、检修、调试过程中发生的事故。

（4）运输事故,是指运输设备(设施)在运输过程中发生的事故。

（5）爆破事故,是指爆破崩人、触响瞎炮造成的事故。

（6）火灾事故,是指煤与矸石自然发火和外因火灾造成的事故,其中煤层自燃未见明火、逸出有害气体中毒视为瓦斯事故。

（7）水害事故,是指地表水、老空水、地质水、工业用水造成的事故及透黄泥、流砂导致的事故。

（8）其他事故,是指以上 7 类事故以外的事故。

二、生产安全事故的原因及预防

任何事故的发生都是有原因的,生产安全事故也不例外。一般来讲,发生生产安全事故的原因,主要包括人的不安全行为、物的不安全状态和管理上的缺陷等。

1. 人的不安全行为

（1）麻痹、侥幸心理,工作蛮干,在"不可能意识"的支配下,发生了安全事故。

（2）精神疲惫、酒后上班、班中睡觉、擅自离岗、干与本职工作无关的事以及工作时注意力不集中、思想麻痹。

（3）未正确佩戴或使用安全防护用品。

（4）操作和作业时,违反安全规章制度和安全操作规程,未制定或执行相应的安全措施。

（5）机器在运转时进行检修、调整、清扫等作业。

（6）在有可能出现坠落物、吊装物的地方冒险通过、停留。

（7）在作业和危险场所随意走、攀、坐、靠。

（8）违规使用非专用工具、设备或用手代替工具作业。

2. 物的不安全状态

（1）防护、保险、警示等装置缺失或存在缺陷。

（2）机械、电气设备维护检修不到位,带"病"运转。

（3）物体的固有性质和建造设计使其存在不安全状态。

（4）设备安装不规范,或超期使用、部件老化。

3. 管理上的缺陷

（1）管理人员在思想上对安全工作的重要性认识不足,将其视为可有可无,日常以麻木的心态和消极的行为对待安全工作,安全法律责任意识淡薄。

(2) 规章制度、安全技术操作规程、作业规程、安全技术措施、岗位责任制等,未建立、不健全或不完善。

(3) 管理人员不学习、不理解、不彻底落实企业的各种安全规章制度,只注重生产指标,忽视安全检查、安全教育和隐患排查治理。

(4) 管理人员安全知识不全面、安全管理能力差、安全管理执行力不强。

管理上的缺陷的主要预防措施为:

(1) 严格贯彻落实"安全第一,预防为主,综合治理"的安全生产方针。安全生产工作应当以人为本,坚持安全发展,坚持"安全第一,预防为主,综合治理"的方针,强化和落实生产经营单位的主体责任,建立健全生产经营单位负责、职工参与、政府监管、行业自律和社会监督的机制。

(2) 广泛开展安全教育和培训工作。通过安全教育和培训,不断提高从业人员的安全意识和安全素质,加强自主保安和相互保安,认真学习并贯彻落实《煤矿安全规程》、安全技术操作规程和作业规程等三大规程,杜绝违章指挥、违章作业、违反劳动纪律等"三违"行为。

(3) 认真贯彻落实岗位责任制。岗位责任制是企业根据法律法规建立的针对所有从业人员保证安全生产责任层层落实的制度。所有从业人员都按照岗位责任制的要求上标准岗、干标准活,工作中各负其责,才能搞好安全生产工作。

(4) 积极开展风险预控、隐患排查治理工作。煤矿作业过程中存在很多风险,因此要求作业人员在从事每项工作前,必须充分认识到作业过程中存在的各类风险,并提前采取有效措施,防止发生各类安全事故。同时,工作中还要经常进行隐患排查,发现问题立即解决或汇报,防止隐患演变成事故。

三、事故处理"四不放过"原则

发生事故后,必须按照"四不放过"的原则进行处理,其具体内容是:事故原因没有查清不放过,事故责任人没有受到处理不放过,事故责任人和广大群众没有受到教育不放过,没有采取防范措施不放过。

1. 事故原因没有查清不放过

发生事故后,必须查清事故的直接原因和间接原因,只有这样,才能根据事故原因制定相应的防范措施,杜绝类似事故再次发生。

2. 事故责任人没有受到处理不放过

发生事故后,或者对人员造成了伤害,或者造成了财产的损失,影响了生产经营单位的经济利益,因此必须严格按照安全事故责任追究的规定和有关法律法规的要求对事故责任人进行处理。对于触犯刑法的,还要依法追究其刑事责任。

3. 事故责任人和广大群众没有受到教育不放过

发生事故后,必须对事故责任者和广大群众进行安全教育,使事故责任者和广大群众了解事故发生的原因、造成的危害和防范措施,并认真吸取教训,防止类似事故在本岗位和其他相关岗位再次发生。

4. 没有采取防范措施不放过

发生事故后,必须根据事故原因,制定、采取相应的防范措施,以达到防止事故再次发生的目的。

模块五 自救、互救与现场急救

大量煤矿事故事实证明,当矿井发生灾害事故后,事故现场人员在万分危急的情况下,依靠自己的智慧和力量,积极正确地开展自救和互救工作,是最大限度地减少事故损失的重要环节。因此,每个入井人员都必须掌握自救、互救的基本方法。

安全素质基本要求一 自救器的使用

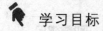 学习目标

1. 掌握化学氧自救器的使用。
2. 掌握压缩氧自救器的使用。

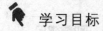 安全素质基本要求相关知识

自救器是入井人员在井下发生火灾,瓦斯、煤尘爆炸,煤与瓦斯突出等事故时防止有害气体中毒或缺氧窒息的一种随身携带的呼吸保护器具,其体积小、重量轻、便于携带。

煤矿必须使用隔离式自救器。隔离式自救器能防护所有的有害气体,它的作用包括提供氧气、防止窒息和防止有害气体中毒。隔离式自救器分类见表1-3。

表 1-3　隔离式自救器分类

分类	压缩氧	化学氧
气源	压缩氧气	化学生氧
周期	反复使用	一次性
维护保养	复杂	简单
适用范围	有毒有害气体、缺氧环境	

一、化学氧自救器的使用

化学氧自救器是指利用化学生氧物质产生氧气的隔离式呼吸保护器。它用于灾区环境大气中缺氧或存在有毒有害气体的环境,供一般入井人员使用,只能使用 1 次。

以 ZH30D 化学氧自救器为例,其中字母 Z 代表自救器,H 代表化学氧,30 代表防护时间为 30 min,D 代表设计序号。

1. 化学氧自救器结构

化学氧自救器的结构如图 1-2 所示。

2. 防护特点

自救器的操作
与使用
(微信扫码观看)

(1) 提供人员逃生时所需的氧气。

(2) 呼吸在人体与自救器之间循环进行,与外界空气成分无关,能防护各种有毒气体。

(3) 用于从火灾、爆炸、突出的灾区中逃生。

3. 使用方法

(1) 佩戴位置。将专用腰带穿入自救器腰带环内,固定在背部右侧腰间,如图 1-3(a)所示。

(2) 开启扳手。使用时先将自救器沿腰带转到右侧腹前,左手托底,右手拉护罩胶片,使护罩挂钩脱离壳体并丢掉,再用右手掰锁口带扳手至封印条断开后,丢开锁口带,如图 1-3(b)所示。

(3) 去掉上外壳。左手抓住下外壳,右手将上外壳用力拔下、扔掉,如图 1-3(c)所示。

(4) 套上挎带。将挎带套在脖子上,如图 1-3(d)所示。

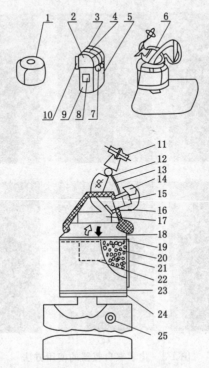

1—保护套；2—上外壳；3—前锁口带；4—封印条；5—使用注意牌；6—呼吸保护器；
7—后封口带；8—铭牌；9—下外壳；10—皮带穿环；11—鼻夹；12—头带；13—鼻夹绳；
14—口具；15—口具塞；16—降温网；17—口水挡板；18—生氧罐；19—上过滤装置；
20—生氧剂；21—隔热底座；22—快速启动筒；23—下过滤装置；24—气囊；25—排气阀。

图 1-2 化学氧自救器结构图

（5）提起口具并立即戴好。用力提起口具，此时气囊逐渐鼓起，立即拔掉口具塞并同时将口具塞入口中，口具片置于唇齿之间，牙齿紧紧咬住牙垫，紧闭嘴唇，如图 1-3(e) 所示。若尼龙绳被拉断，气囊未鼓，可以直接拉启动环。

（6）夹好鼻夹。两手同时抓住两个鼻夹垫的圆柱形把柄，将鼻夹拉开，此时佩戴人要憋住一口气，用鼻夹垫准确夹住鼻子。

（7）调整挎带。如果挎带过长，抬不起头，可以拉动挎带上的大圆

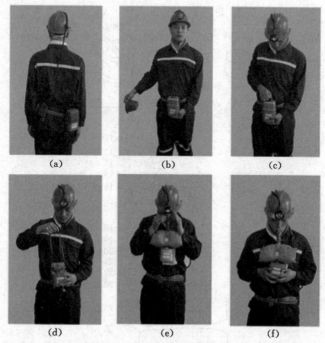

图 1-3　化学氧自救器的使用方法

环,使挎带缩短,长度适宜后,系在小圆环上,如图 1-3(f)所示。

(8)退出灾区。上述操作完成后,开始撤离灾区。途中感到吸气不足时不要惊慌,应放慢脚步,做深呼吸,待气量充足后再快步行走。

4.使用注意事项

(1)每班携带自救器前,应检查自救器外壳有无损伤或松动,如发现不正常现象,应及时将自救器送到发放室检查校验。

(2)携带自救器时,应避免碰撞、跌落,禁止将自救器当坐垫用;禁止用尖锐的器具猛砸外壳或药罐;禁止自救器接触带电体或浸泡在水中。

(3)携带自救器时,任何场所不准随意打开自救器上外壳;如果自救器上外壳已意外开启,应立即停止携带,做报废处理。

(4)在井下工作时,一旦发现事故征兆,应立即佩戴自救器后迅速撤离。佩戴自救器要求操作准确、迅速。

（5）佩戴自救器撤离火区时，要冷静、沉着，最好匀速行走。

（6）在整个逃生过程中，要注意把口具、鼻夹戴好，保证不漏气，严禁从嘴中取下口具说话。

（7）吸气时，比平时正常吸气干、热一些，表明自救器在正常工作，对人体无害，此时千万不可取下自救器。

（8）当发现呼气时气囊瘪而不鼓，并渐渐缩小时，表明自救器的使用时间已接近终点，要做好应急准备。

二、压缩氧自救器的使用

压缩氧自救器是指利用压缩氧气供氧的隔离式呼吸保护器。它用于灾区环境大气中缺氧或存在有毒有害气体的情况，是一种可反复多次使用的自救器，每次使用后只需要更换吸收二氧化碳的吸收剂和重新充装氧气即可重复使用。

1. 压缩氧自救器的结构

压缩氧自救器的结构如图 1-4 所示。

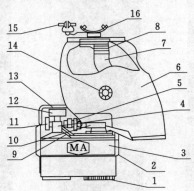

1—底盖；2—挂钩；3—清净罐；4—氧气瓶；5—减压阀；6—气囊；
7—呼气软管；8—呼气阀；9—支架；10—补气压板；11—手轮开关；
12—压力表；13—上盖；14—排气阀；15—鼻夹；16—口具。

图 1-4　压缩氧自救器的结构图

2. 防护特点

（1）提供人员逃生时所需的氧气，能防护各种毒气。

（2）可反复多次使用。

（3）用于有毒气或缺氧的环境条件下。

（4）可用于压风自救系统的配套装备。

3. 使用方法

（1）携带时，挎在肩膀上或者挂在专用皮带上，如图 1-5（a）、（b）所示。

（2）使用时，先打开外壳封口带手把。

（3）打开上盖，然后左手抓住氧气瓶，右手用力向上提上盖，如图 1-5（c）所示；此时氧气瓶开关即可自动打开，随后将主机从下壳中拽出，如图 1-5（d）所示。

（4）摘下安全帽，挎上挎带，戴好安全帽。

（5）拔开口具塞，将口具放入口腔里，牙齿咬住牙垫，如图 1-5（e）所示。

图 1-5　压缩氧自救器的使用方法

（6）将鼻夹夹在鼻子上，开始呼吸。

（7）在呼吸的同时，按动补给按钮，1～2 s气囊充满后立即停止（在使用过程中发现气囊供气不足时，也可按上述方法操作），如图 1-5(f)所示。

（8）挂上腰钩。

4. 使用注意事项

（1）使用符合《隔绝式氧气呼吸器和自救器用氢氧化钙技术条件》（MT 454）要求的 CO_2 吸收剂，每隔半年更换一次。

（2）清净罐中的 CO_2 吸收剂，无论是否使用到额定防护时间，都必须清空后重新换装新药。

（3）用于充填自救器的氧气应符合《医用及航空呼吸用氧》（GB 8982）的规定。

（4）每隔 3 年要对氧气瓶做水压试验。

（5）每隔半年检查一次气密性和氧气压力。

（6）使用中要养成经常观察氧气瓶压力表的习惯，以掌握耗氧情况。

（7）高压氧气瓶储装有 20 MPa 的氧气，携带过程中要防止撞击、磕碰和摔落，也不许把压缩氧自救器当坐垫使用。

（8）呼气和吸气时都要慢而深（即深呼吸）。口与自救器的距离不能过近，以免气囊内的呼气软管打折，增加呼气阻力。

（9）使用中应防止利器刺伤、划伤气囊。

（10）在未达到安全地点时严禁摘下自救器。

安全素质基本要求二
避难硐室的自救避灾

学习目标

1. 掌握永久避难硐室相关规定。

2. 掌握临时避难硐室相关规定。

3. 掌握在避难硐室避难时应注意的相关事项。

 安全素质基本要求相关知识

避难硐室是井下发生灾害事故后,人员无法撤离灾区时的避难场所。避难硐室分为事先构筑好的永久避难硐室和由避灾人员用身边现有材料建造的临时避难硐室。

一、永久避难硐室

永久避难硐室预先设在井底车场附近或采区工作地点安全出口的路线上,距工作点不能太远(即在自救器的有效工作时间内可到达)。避难硐室的容积原则上应能容纳采区的全体人员。硐室内应备有供避灾人员呼吸用的供气装备(如压风自救装置)、通信设备、自救器、药品、食物等。需要注意两个问题:一是硐室内的供气装置要有保障,即空气气源能长时间供气,遇险人员使用的呼吸装置要佩戴方便、迅速,呼吸自如舒畅。二是硐室内要存放一定数量的自救器,其防护时间要长一些(如 30 min 以上的化学氧和压缩氧自救器),确保遇险人员在条件允许时,佩戴自救器从避难硐室撤到安全地点或井上。进入避难硐室的流程如图 1-6 所示。

二、临时避难硐室

临时避难硐室是一旦出现灾变事故,遇险人员在等待救援的过程中利用现场的材料临时搭建的设施。临时避难硐室是利用独头巷道、硐室或两道风门之间的巷道,由避灾人员临时修建的,所以应在这些地点事先准备好所需的木板、木桩、风筒、黏土、砂子或砖等材料,还应装有带阀门的压气管。避灾时,若无构筑材料,避灾人员就用衣服和身边现有的材料临时构筑避难硐室,以减少有害气体的侵入。密闭应该设置两道,设置密闭时人应站在里面。

三、在避难硐室避难时的注意事项

(1)进入避难硐室前,应在硐室外留有矿灯、衣服、工具等明显标志,以便矿山救护队及时发现。

(2)避难人员在避难硐室中应保持安静、不急躁,尽量俯卧于巷道底部,避免不必要的体力和氧气消耗,以便延长避难时间。

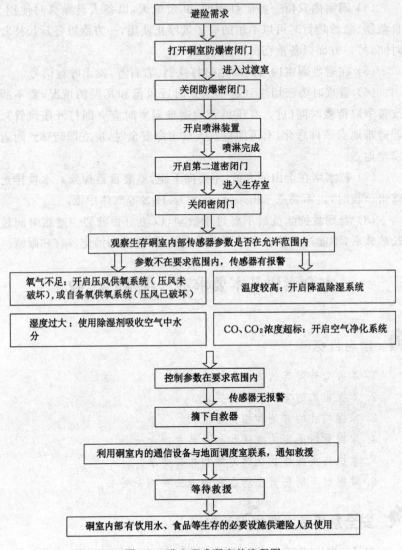

图 1-6 进入避难硐室的流程图

（3）在避难中,要保持良好的精神状态和心理状态,坚持克服各种困难,坚定信心。

（4）硐室内只留一盏矿灯照明，其余熄灭，以备人员撤离时使用。自救器、急救袋暂时可以不用的应尽量停止使用，一方面以备延长待救时间，另一方面以备重伤员抢救之用。

（5）在避难硐室内可间断地敲打铁器、岩石等，发出呼救信号。

（6）避难时要密切注意避难地点附近风流和瓦斯的情况，要不断改善争取待救时间（进入有压风管的避难硐室时应立即打开压风管）。若避难地点条件恶化，有可能危及人员生命安全时，应立即转移到附近安全地点。

（7）被水堵在上山的人员，不要向下跑，不要盲目探险。水被排走露出顶板时，也不要急于出来，以防 SO_2、H_2S 等气体中毒。

（8）看到救护队员后不要过于激动，以防血管破裂。避难时间过长被救后，不能过多饮食和见到强烈光线，以防损伤消化器官和眼睛。

安全素质基本要求三　现 场 急 救

 学习目标

1. 掌握心肺复苏的方法和相关要求。
2. 掌握止血的方法和相关要求。
3. 掌握包扎的方法和相关要求。
4. 掌握骨折固定的方法和相关要求。
5. 掌握伤员搬运护送的方法和相关要求。
6. 掌握对不同伤员现场急救的方法和相关要求。

 安全素质基本要求相关知识

现场急救的关键在于"及时"，时间上突出一个"急"字，技术上突出一个"救"字。争取在最短的时间内有效地完成急救和安全转运任务。对伤员要快抢、快救和快运是事故伤员救治工作的第一步，这不但直接关系到伤员的生死，而且能为后续各级救治打下基础，必须及时、准确。

要做好伤员分类工作,优先抢救危重伤员,积极防止休克、感染等并发症。

现场互救必须遵守转运原则:初步确切止血、骨折简易固定、生命体征平稳、医护全程护送、边救边送、就近医院救治。

现场急救必须遵守"三先三后"的原则:

(1)窒息(呼吸道完全堵塞)或心跳、呼吸骤停的伤员,必须先进行人工呼吸或心脏复苏后搬运。

(2)对出血的伤员,先止血后搬运。

(3)对骨折的伤员,先固定后搬运。

现场急救的方法包括心肺复苏、止血、创伤包扎、骨折临时固定和伤员搬运。

一、心肺复苏

煤矿井下每名职工都要掌握急救相关知识。一旦发现有人晕倒,应采取如下 4 个步骤措施:第一步判断意识;第二步呼救;第三步翻转体位;第四步胸外心脏按压。如图 1-7 所示。

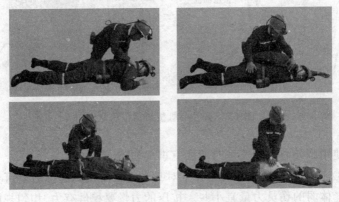

图 1-7　发现有人晕倒的处理程序

胸部正中,乳头连线水平(两乳头连线中点),右手中、食指沿一侧肋弓向内上方滑动至胸骨下端,左手掌根靠紧食指,放于胸骨上,按压频率 100~120 次/min,按压深度 5~6 cm。如图 1-8(a)所示。

1. 胸外心脏按压

操作方法如下：

首先使伤员仰卧在木板上或地上，解开其上衣和腰带，脱掉其胶鞋。救护者位于伤员右侧，手掌面与前臂垂直，一手掌面压在另一手掌面上，使双手重叠置于伤员胸骨 1/3 处(其下方为心脏)，以双肘和臂肩之力有节奏地、冲击式地向脊柱方向用力按压，使胸骨下陷至少 5～6 cm；按压后，迅速抬手

心肺复苏操作
步骤
(微信扫码观看)

使胸骨复位，以利于心脏的舒张。按压次数以每分钟 100～120 次为宜。按压过快，心脏舒张不够充分，心室内血液不能完全充盈；按压过慢，动脉压力低，效果也不好，如图 1-8(b)所示。

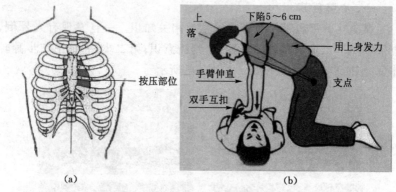

(a)　　　　　　　　　　　　(b)

图 1-8　胸外心脏按压部位示意图

使用胸外心脏按压术时的注意事项如下：

① 按压的力量应因人而异。对身强力壮的伤员按压力量可大些；对年老体弱的伤员力量宜小些。按压的力量要稳健有力、均匀规则，重力应放在手掌根部，着力仅在胸骨处，切勿在心尖部按压。同时注意用力不能过猛，否则可致肋骨骨折、心包积血或引起气胸等。

② 胸外心脏按压与口对口吹气法最好同时施行，无论单人心肺复苏还是双人心肺复苏，均为每按压心脏 30 次，做口对口人工呼吸 2 次。

③ 按压显效时，可摸到颈总动脉、股动脉搏动，散大的瞳孔开始缩

小,皮肤转为红润。

2. 人工呼吸

适用于休克、溺水、有害气体中毒、窒息或外伤窒息等引起的呼吸停止、假死状态者。

在施行人工呼吸前,先要将伤员运送到安全、通风良好的地点,将伤员领口解开,注意保持体温,腰背部垫上软的衣服等。先清除口中脏物,把舌头拉出或压住,防止堵住喉咙、妨碍呼吸。各种有效的人工呼吸都必须在呼吸道畅通的前提下进行。常用的方法有口对口吹气法、仰卧压胸法和俯卧压背法3种。

① 口对口吹气法。它是效果最好、操作最简单的一种人工呼吸方法。操作前使伤员仰卧,救护者在其头的一侧,一只手托起伤员下颌,并尽量使其头部后仰,另一只手将其鼻孔捏住,以免吹气时从鼻孔漏气;救护者深吸一口气,紧贴伤员的口将气吹入,迫使伤员吸气,然后松开捏鼻的手,并用手压其胸部以帮助伤员呼气。如此有节律、均匀地反复进行,每分钟吹气14~16次。注意吹气时切勿过猛、过短,也不宜过长,以占一次呼吸周期的1/3为宜。

② 仰卧压胸法。让伤员仰卧,救护者跨跪在伤员大腿两侧,两手拇指向内,其余四指向外伸出,平放在其胸部两侧乳头之下,借半身重力压伤员胸部,挤出伤员肺内空气;然后救护者身体后仰,除去压力,伤员胸部依其弹性自然扩张,使空气吸入肺内。如此有节律地进行,要求每分钟压胸16~20次。

此法不适用于胸部外伤或 SO_2、NO_2 中毒者,也不能与胸外心脏按压法同时进行。

③ 俯卧压背法。此法与仰卧压胸法操作大致相同,只是伤员俯卧,救护者跨跪在伤员大腿两侧。因为这种方法便于排出肺内水分,因而对溺水者急救较为适合。

二、止血

1. 少量出血的处理

表面伤口和擦伤,应用干净的水冲洗,用创可贴或干净的纱布、手绢包扎伤口。

2.严重出血的止血方法

(1)直接压迫止血,如图1-9所示。

图1-9　直接压迫止血示意图

(2)加压包扎止血,如图1-10所示。

图1-10　加压包扎止血示意图

(3)止血带止血。

① 表带式止血带止血,如图1-11所示。

 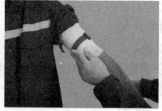

图1-11　表带式止血带止血示意图

② 橡胶管止血带止血,如图1-12所示。

止血带止血法
（微信扫码观看）

图 1-12 橡胶管止血带止血示意图

③ 布带止血带止血，如图 1-13 所示。

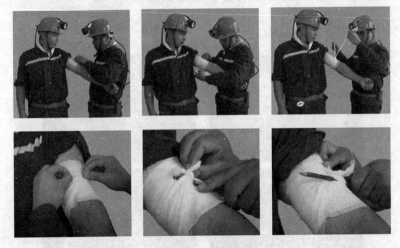

图 1-13 布带止血带止血示意图

上止血带的注意事项如下：

① 止血带不能直接缠在皮肤上。

② 上肢出血扎在上臂上 1/3 处，下肢出血扎在大腿中上部。

③ 松紧适度。

④ 做好明显标记。

⑤ 每隔 40～50 min 放松一次，每次放松 2～3 min。放松时，应采取指压止血。

⑥ 不能用铁丝、电线、绳索等代替止血带。

⑦ 结扎止血带的时间一般不应超过 2 h。

三、包扎

1.包扎的目的

止血、保护伤口、防止感染、固定夹板和敷料。

2.包扎的要求

轻、快、准、牢，先盖后包。

3.包扎的材料

绷带、三角巾、四头带、多头带、就地取材。

4.绷带包扎方法

（1）环形包扎，如图 1-14 所示。

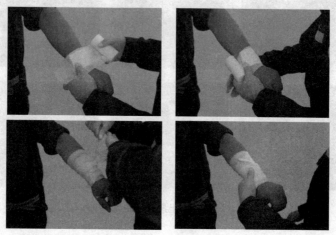

图 1-14　环形包扎示意图

（2）螺旋包扎，如图 1-15 所示。

（3）螺旋反折包扎，如图 1-16 所示。

（4）"8"字包扎，如图 1-17 所示。

（5）三角巾包扎，如图 1-18 所示。

三角巾包扎法
（微信扫码观看）

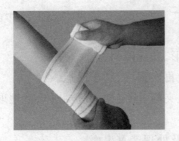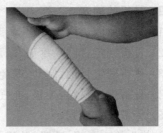

图 1-15 螺旋包扎示意图

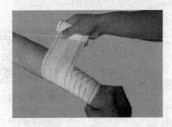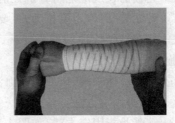

图 1-16 螺旋反折包扎示意图

图 1-17 "8"字包扎示意图

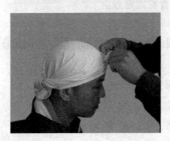

图 1-18 三角巾包扎示意图

四、骨折的固定

（1）骨折原因：外力导致。

（2）骨折判定：肿胀、疼痛、畸形、功能障碍。

（3）骨折固定目的：制动、避免再次损伤、利于搬运。

（4）骨折固定材料：夹板、充气夹板、固定架、健侧肢体、就地取材。

（5）骨折固定原则：

① 首先检查意识、呼吸、脉搏及处理严重出血。

② 夹板的长度应能将骨折处的上下关节一同加以固定。

③ 骨断端暴露，不要拉动，不要送回伤口内。

④ 开放性骨折现场不要冲洗、不要涂药，应该先止血包扎，再固定。

骨折固定操作
步骤
（微信扫码观看）

⑤ 暴露肢体末端，以便观察血液循环情况。

（6）骨折固定方法：

① 锁骨骨折固定方法，如图 1-19 所示。

图 1-19　锁骨骨折固定方法

② 上肢（上臂）骨折、上臂下段（髁上）骨折固定方法，如图 1-20 所示。

③ 前臂骨折固定方法，如图 1-21 所示。

④ 下肢（大腿）骨折固定方法，如图 1-22 所示。

⑤ 下肢（小腿）骨折固定方法，如图 1-23 所示。

五、伤员的搬运护送

搬运时应尽量不增加伤员的痛苦，避免造成新的损伤及合并症。

图 1-20　上肢骨折固定方法

图 1-21　前臂骨折固定方法

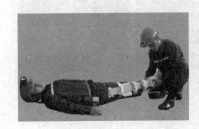

图 1-22　下肢(大腿)骨折固定方法

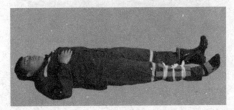

图 1-23　下肢(小腿)骨折固定方法

1.单人徒手搬运法

（1）扶行法，如图 1-24 所示。

（2）背负法，如图 1-25 所示。

图 1-24　扶行法　　　　　　　图 1-25　背负法

（3）拖行法（腋下拖行、衣服拖行、毛毯拖行），如图 1-26 所示。

图 1-26　拖行法

（4）爬行法，如图 1-27 所示。

图 1-27　爬行法

2. 双人徒手搬运法

(1) 轿杠式,如图 1-28 所示。

图 1-28 轿杠式

(2) 椅拖式,如图 1-29 所示。

图 1-29 椅拖式

3. 三人徒手搬运法

三人徒手搬运法如图 1-30 所示。

图 1-30 三人徒手搬运法

4. 四人徒手搬运法

四人徒手搬运法如图 1-31 所示。

图 1-31　四人徒手搬运法

5. 担架搬运

担架搬运如图 1-32 所示。

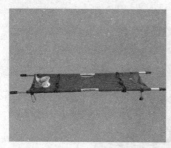

图 1-32　担架搬运

六、对不同伤员的现场急救

1. 对中毒或窒息人员的急救

（1）立即将伤员从危险区抢运到新鲜风流中，取平卧位。

（2）立即将伤员口、鼻内的黏液、血块、泥土、碎煤等除去，解开上衣和腰带，脱掉胶鞋。

（3）用衣服覆盖在伤员身上保暖。

（4）根据心跳、呼吸、瞳孔等特征和伤员的神智情况，初步判定伤情的轻重。

（5）当伤员出现眼红肿、流泪、畏光、喉痛、咳嗽、胸闷现象时，说明是二氧化硫中毒。当出现眼红肿、流泪、喉痛及手指、头发呈黄褐色现象时,说明是二氧化氮中毒。一氧化碳中毒的显著特征是嘴唇呈桃红色,两颊有红斑点。对二氧化硫、二氧化氮的中毒者只能进行口对口的人工呼吸,不能进行压胸或压背法的人工呼吸。

(6) 人工呼吸持续的时间以恢复自主性呼吸或到伤员真正死亡时为止。当救护队来到后,转由救护人员用苏生器苏生。

2. 对外伤人员的急救

对外伤人员、烧伤人员、出血人员和骨折人员的急救,应分别采用包扎创面、止血和骨折临时固定等急救措施,然后迅速送往地面,到医院救治。

3. 对溺水者的急救

突水中,人员溺水时,可能造成呼吸困难而窒息死亡。对溺水者应采取如下措施急救:

(1) 转送:把溺水者从水中救出后,立即送到比较温暖和空气流动的地方,松开腰带,脱掉湿衣服,盖上干衣服保暖。

(2) 检查:检查溺水者的口鼻,如果有泥水和污物堵塞,应迅速清除,擦洗干净,以保持呼吸道通畅。

(3) 控水:将溺水者取俯卧位,用木料、衣服等垫在其肚子下面;施救者左腿跪下,把溺水者的腹部放在右侧大腿上,使其头朝下;按压其背部,迫使水从体内流出。

(4) 上述控水效果不理想时,应立即做俯卧压背法人工呼吸或口对口吹气,或胸外心脏按压。

4. 对触电者的急救

(1) 立即切断电源,或使触电者脱离电源。

(2) 迅速观察伤员有无呼吸和心跳。如发现已停止呼吸或心音微弱,应立即进行人工呼吸或胸外心脏按压。

(3) 若呼吸和心跳都已停止,应同时进行人工呼吸和胸外心脏按压。

(4) 对遭受电击者,若有其他损伤,如跌伤、出血等,应做相应的急救处理。

5. 对冒顶埋压人员现场急救

（1）扒伤员时须注意不要损伤人体。靠近伤员身边时，扒掘动作要轻巧稳重，以免对伤员造成伤害。

（2）如果确知伤员头部位置，应先扒去其头部煤岩块，以使头部尽早露出外面。头部扒出后，要立即清除口腔、鼻腔的污物。与此同时扒身体其他部位。

（3）此类伤员常常发生骨折，因此在扒掘与抬离时必须十分小心。严禁用手去拖拉伤员双脚或用其他粗鲁动作拖扒伤员，以免增加伤势。

（4）当伤员呼吸困难或停止呼吸时，可进行口对口人工呼吸。

（5）有大出血者，应立即止血。

（6）有骨折者，应用夹板固定。如怀疑有脊柱骨折者，应该用硬板担架转运，千万不能由人扶持或抬运。

（7）转运时须有医务人员护送，以便对发生的危险情况给予急救。

6. 对长期被困在井下人员的急救

（1）严禁用矿灯照射遇险者的眼睛，应用毛巾、衣服片、纸张等蒙住其眼睛。

（2）用棉花或纸张堵住遇险者双耳。

（3）注意保暖。

（4）不能立即升井，应将其放在安全地点逐渐适应环境和稳定情绪。待情绪稳定，体温、脉搏、呼吸及血压等稍有好转后，方可升井送医院。

（5）搬运时要轻抬轻放、缓慢行走，注意伤情变化。

（6）升井后和治疗初期，劝阻亲属探视，以免伤员过度兴奋发生意外。

（7）不能让伤员吃过量或硬的食物，限量吃一些稀软、易消化的食物，以使肠胃功能逐渐恢复。

模块六　风险分级管控与隐患排查治理

安全技术基础知识一
安全风险分级管控基础知识

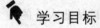 学习目标

1. 了解风险的概念。
2. 了解风险控制方法相关内容。

安全技术基础知识相关知识

一、风险的概念

风险是指事故发生的可能性与事故后果严重性的组合。在煤矿作业中,存在着各种各样的风险。例如,入井人员乘罐笼过程中,存在着提升钢丝绳断裂同时防坠器失效、罐笼坠入井底的风险;立井提升过程中,存在过卷、松绳、断绳等各类风险;斜井串车提升过程中,存在矿车掉道、矿车撞人和跑车的风险;井下水平巷道机车运输过程中,存在触电、掉道、撞人或撞坏支护设施的风险。

在一定的条件下,对现场岗位中的风险进行预先辨识、风险评估,继而采取有效措施,消除、减少、控制风险,使风险降到人们可接受程度的一系列活动,称为风险预控管理。

风险预控管理的基本原理是运用风险管理的技术,通过探求风险发生、变化的规律,认识、估计和分析风险对安全生产所造成的危害,运用计划、组织、指导、管制等一系列手段,实现"一切意外均可避免""一

切风险皆可控制"的风险管理目标。

二、风险控制方法

煤矿风险预控管理体系的基本内涵,是指在煤矿整个运营过程中,对煤矿各个生产系统、生产环节中的各种危险源进行预先辨识,对各种风险进行评价分析,继而采取有效措施消除、减少和控制风险,并在一定经济、技术条件下,通过"人、机、环、管"(即人员、机电设备、环境、管理)的最佳匹配,防止风险转化为事故,实现本质安全,做到安全生产。

煤矿作业现场风险预控,可以从以下几个方面进行控制:

(1)提高安全意识和安全素质。员工按规定参加安全培训,贯彻落实"以人为本"的指导思想,通过安全培训,提高煤矿从业人员的安全意识和技术水平,变"要我安全"为"我要安全"。

(2)落实各项规章制度。主要以各种制度规范煤矿从业人员的行为,如操作人员的手指口述、现场班组长验收签字、安全检查工检查等。

(3)落实操作程序。在现有安全技术操作规程的基础上,对每一个工种作业中的每一道工序都制定出详细的操作程序,不论任何人,在同一岗位上完成某一工序时,都按照规定的操作程序执行,这就避免了违章操作和误操作的发生,在很大程度上减小了风险发生的可能性。

(4)执行操作标准。以《煤矿安全规程》、安全技术操作规程为依据,对每一项工作都制定出操作标准,提高操作水平,降低事故发生的概率。

安全技术基础知识二
事故隐患排查治理基础知识

学习目标

1. 了解隐患的概念。

2. 了解隐患的分类。

3. 了解隐患排查管理制度。

4. 了解常见事故隐患的治理措施。

安全技术基础知识相关知识

一、隐患的概念

隐患,是指在生产活动中存在的可能导致不安全事件或事故发生的问题,包括人的不安全行为、物的不安全状态和管理上的缺陷。隐患从性质上分为一般安全隐患和重大安全隐患。

在煤矿作业现场,事故隐患如未能得到及时消除,往往会导致事故发生,现场作业人员必须予以高度重视。

二、隐患的分类

(1) 按隐患危害程度分类。

一般隐患:危险性不大,事故影响或损失较小的隐患。

重大隐患:危险性大,可能造成较大事故,造成人身伤亡或财产损失的隐患。它是煤矿企业建设和生产过程中存在的可能导致重大人身伤亡或者重大经济损失的危险性因素。

(2) 按隐患表现形式分类。人的隐患(认识隐患、行为隐患)、物的隐患、环境隐患和管理隐患。

(3) 按煤矿安全生产的专业分为一通三防、顶板(采掘)、机电运输、地测防治水、安全管理、爆破和其他隐患。

三、隐患排查管理制度

煤矿企业应当建立和完善以下各项事故隐患排查管理制度:

(1) 制定事故隐患定期排查治理制度,落实具体的排查时间、方法、人员、措施以及事故隐患的种类、等级等。

(2) 制定事故隐患排查治理责任制度,明确事故隐患排查治理工作的组织领导,整改资金的落实,治理效果的检查;明确具体的事故隐患排查治理工作要求;明确具体的事故隐患排查治理的管理程序;明确具体的事故隐患排查治理人员。

(3) 制定事故隐患分级管理制度,并明确事故隐患的分级范围、治理措施、要求及责任。

(4) 制定事故隐患的报告制度,煤矿企业应当将难以排除的事故隐患按照隶属关系和管理权限向煤炭管理部门报告,并报煤矿安全监察机构备案,不得不报、谎报或者拖延迟报。

四、常见事故隐患的治理措施

作业现场的隐患排查治理是围绕消除人的不安全行为、物的不安全状态和环境的不安全因素展开的,针对作业现场的常见事故隐患,要采取以下措施:

(1)规范操作人员的安全行为,结合班组的具体情况,以及国家的法律法规、相关规定和标准,制定规章制度和操作规程。

(2)正确穿戴和使用劳动防护用具、用品。

(3)严格执行煤矿安全规程、安全技术操作规程、作业规程的相关规定。

(4)加强对作业场所的安全检查,及早发现问题,及时妥善地整改。

(5)加强生产设备管理,尤其是设备的防爆管理,按规定做好设备、安全设施、防护装置的维护保养,使之始终保持完好状态。

(6)保证各种保护和监测系统灵敏、可靠,井下设备、电缆完好。

(7)设备布置、物料码放要尽可能地科学合理,保持通道畅通。

(8)及时清扫垃圾、废料,整理现场的原材料、产品和工具。

模块七　岗位"双述"基础知识

学习目标

1. 熟悉岗位描述相关内容。
2. 熟悉手指口述相关内容。

安全操作技能相关知识

岗位"双述"是指煤矿生产中,为确保操作安全,各岗位的职工在作业操作前,对工作环境和操作对象进行设备与环境描述、岗位主要风险描述及安全确认。主要包括岗位描述和手指口述。

一、岗位描述

岗位描述是一种对自我状况、安全责任、作业标准、作业环境、工艺流程、设备工具性能特点、协作配合等内容进行描述,从而逐步达到岗位作业本质安全水平的综合性知行训练。

岗位描述主要内容包括自我状况描述、设备与环境描述、岗位风险与安全确认、操作程序和避灾路线等几方面。

岗位描述的根本目标是进一步清晰岗位责任制,培养行家能手,锤炼岗位专家型职工队伍,但具体岗位、具体工种也可不拘泥于上述岗位描述的内容,各集团、各公司、各矿可根据实际情况进行岗位描述。

二、手指口述

手指口述就是要求现场作业人员在作业和操作中,运用心想、眼看、手指、口述等一系列行为,对与安全有关的每一道关键工序、每一处关键部位、每一个关键环节进行确认,使人员的注意力高度集中,避免操作失误,从而减少事故,实现安全操作。

手指口述的动作要求是上身保持直立姿势,眼睛紧紧注视着需要确认的对象,右手用力挥动手臂由上向下,食指指向需要确认的对象,刺激大脑思考,把最关键的话大声说出来。

手指口述的作用是:

(1) 促使操作者保持高度集中的注意力。

(2) 增强操作者的定力和稳定性,使操作者强制自己排除各种干扰。

(3) 快速启动作业,使操作者迅速进入作业状态,并把注意力稳定在作业状态。

(4) 强化对操作程序的记忆再现,增强作业的系统性、条理性及完整性。

(5) 实现记忆的清晰化,提高操作的精确度,减少误差。

(6) 严密地分析当前的作业状况,及时准确地作出判断,进行正确的选择。

(7) 提高作业者对操作行为的自信心。

(8) 有利于对关键性操作或问题、错误多发点的提醒。

手指口述简单易学,实用操作性强。手指口述操作法让我们在工作中少出错误、少出纰漏,是风险预控管理的重要方法,可为安全生产打下良好的基础。

第二部分　地面生产保障作业

地面生产保障作业安全技术基础知识

地面生产保障作业安全操作技能

地面生产保障作业典型事故案例

模块一　地面生产保障作业安全技术基础知识

安全技术基础知识一　各岗位安全责任制

 学习目标

1. 掌握信号工岗位安全责任制。
2. 掌握把钩工岗位安全责任制。
3. 掌握机修钳工岗位安全责任制。
4. 掌握锻工岗位安全责任制。
5. 掌握机加工岗位安全责任制。
6. 掌握木工岗位安全责任制。
7. 掌握拌料工岗位安全责任制。
8. 掌握仪器仪表维修、发放工岗位安全责任制。
9. 掌握充灯工岗位安全责任制。
10. 掌握水泵操作工岗位安全责任制。
11. 掌握铲车司机岗位安全责任制。

 安全技术基础知识相关知识

一、信号工岗位安全责任制

（1）信号工必须经过培训，考试合格后持证上岗。

（2）认真学习业务技术知识，熟知本岗位设备及安全设施的操作技能，做到"会使用、会维护、会保养、会处理一般性故障"。

（3）牢固树立安全第一的思想，做好自保、互保和联保，不违章作业,确保安全操作。

(4)了解本班生产任务,熟悉现场作业环境,完成好本班工作任务。

(5)认真执行《煤矿安全规程》、"煤矿安全技术操作规程"和"煤矿作业规程",坚守工作岗位、爱护设备、集中精力、谨慎操作。

(6)对操作的设备、信号及其周围安全工作负责,不违章操作,有权制止任何违章作业行为。

(7)检查巡视信号设施及安全设施的完好情况,查看作业现场安全状况,发现隐患及时处理,做到不安全不运输。

(8)负责本班安全设施及信号装置的维护和管理,及时发现问题,配合检修人员搞好设备的检修和验收。

(9)负责本班安全设施及周围环境的卫生,做到无浮煤、无积尘、无油渍、无闲杂物品。

(10)严格执行交接班制度,认真填写交接班记录。

二、把钩工岗位安全责任制

(1)把钩工严格按照操作规程操作,依法经过培训取得安全资格证书,并持证上岗,对本岗位安全工作负直接责任。

(2)严格执行运输安全管理规定,与信号工、绞车司机密切配合,做好运输安全管理工作。

(3)严格遵守劳动纪律、操作规程、交接班制度等有关规章制度,坚守工作岗位,精力集中,谨慎操作。

(4)熟练掌握运输车辆、安全设施、连接装置的结构、性能、基本原理,做到"会使用、会维护、会保养、会处理一般性故障"。

(5)了解本班生产任务,掌握现场作业环境。

(6)巡查本岗位轨道、车辆和安全设施,发现隐患及时处理,做到不安全不生产。

(7)严格执行"行人不行车、行车不行人"的规定。

(8)配合检修人员搞好本岗位设备、设施的检修和验收。

(9)认真学习业务技术知识,熟知本岗位设备及安全设施的操作技能。

（10）爱护设备设施，搞好岗位周围环境卫生工作。

（11）严格认真执行交接班制度，并做好相关记录。

（12）掌握职业危害防治知识，做到应知应会。配备和使用好劳动防护用品，做好职业危害防治工作。

三、机修钳工岗位安全责任制

（1）机修钳工必须经过培训，考试合格后持证上岗。

（2）认真学习业务技术知识，熟练掌握机电设备的结构、性能、基本原理，做到"会使用、会维护、会保养、会处理一般性故障"。

（3）认真执行《煤矿安全规程》、"煤矿安全技术操作规程"和"煤矿作业规程"，对本岗位的安全工作负责。

（4）牢固树立安全第一的思想，做好自保、互保和联保，不违章作业，确保安全操作。

（5）上岗前必须佩戴好劳动防护用品，做好个人防护，携带齐机电维修工具和绝缘用具。

（6）必须坚守工作岗位，不得擅自脱岗、离岗。

（7）负责巡视检查工作面电缆、照明信号、各类保护及防爆性能等。

（8）负责本班机电设备的维护和管理，及时对设备进行精心维护和保养，发现问题及时处理，杜绝设备带病运转。

（9）搞好各工种间的配合和协作，确保机电设备安全、可靠运行。

（10）熟悉本单位施工地点的避灾路线及灾害预防措施。

（11）负责机电设备的文明卫生，机电设备上应保证干净、整洁。

（12）严格执行交接班及停送电制度，认真填写好记录。

四、锻工岗位安全责任制

（1）严格执行矿内的一切规章制度，听从指挥，按时上岗。上岗前要明确任务，要做好工具材料等开工前准备工作。

（2）应熟悉图纸，按图纸要求加工各种零部件及用品，熟练掌握技术，合理使用材料，修旧利废，降低消耗。

（3）熟悉设备的构造与性能，班中发现问题不得擅自做主，要逐级请示汇报，请求处理。

（4）要爱护工具、量具，每班各种工具要进行严格的检查、调试、注油。

（5）严格执行"煤矿安全技术操作规程"和"煤矿作业规程"，保证高质量地完成任务。

（6）按照工序转接规定，班后做到成品入库，半成品转交下一个工种或车间，以待加工。

（7）提前 15 min 到岗生火，开工时火焰保持旺盛。工作完毕要熄灭炉火，以免发生火灾。

（8）时刻注意安全，严禁使用松脱铁锤。正确使用劳保用品，严禁穿化纤衣服。

（9）做好记录，填好当班记录。

五、机加工岗位安全责任制

（1）必须按规定参加安全技术培训，考试合格后持证上岗。

（2）必须掌握《煤矿安全规程》及"煤矿安全技术操作规程"中的有关规定，并按规定进行操作。

（3）对设备进行维护检修后，维修工应接受有关负责人的验收。

（4）检修质量应符合《煤矿机电设备检修质量标准》的有关规定。

（5）严格遵守劳动纪律，严禁班前、班中喝酒，工作时精力集中，不得干与本职工作无关的事情。

（6）严格执行设备包机制度，按时对所规定的检修内容进行维护检修，不得漏检漏项，防止各类事故的发生，确保安全生产。

（7）认真填写检修记录，将检修内容、处理结果及遗留问题与司机交代清楚。

（8）坚持持证上岗，加强业务学习，不断提高技术水平。

（9）严格执行各项规章制度，坚持正规操作，保质保量完成领导交办的工作。

六、木工岗位安全责任制

（1）开机前应首先检查各部位安全装置是否齐全可靠，否则不准开车。

（2）木材的存放和加工场所的消防器材必须齐全、可靠和使用方便,工作场所不准吸烟,不得有明火,易燃材料和油棉纱等不得放在木材上及附近,各场所的木材应堆放整齐,不得影响道路畅通,以保证安全。

(3) 机床应保持清洁,转动部位安全装置应齐全,工具台上不得放杂物。

(4) 先开抽风机后开车,开车后待主轴运转正常后方可进行工作。不准从机械部分上方传递木材、工具和工件等,装卸零件、刃具,必须待机停稳后方可进行,发现机床有异常情况时,应立即停车。

(5) 机床启动后,身体不得靠近转动部位,操作者应站在安全位置,严禁设备在运转中测量工件尺寸。清理木屑时,必须待车停稳后进行。

(6) 锯、刨床等加工长木料时,对面要有人接料,上手和下手要配合好,手应距刃具 300 mm 以上,小工件要用推料棒进行。

(7) 锯木料时,圆盘锯应装有锲片、保护罩,检查锯片松紧、垂直度和固定销,锯片有裂纹、不平、不光滑、锯齿不快的不能使用。

(8) 不得在圆盘锯上加工不规则的工件,已经锯开的工件,木料不得再向反方向拉回。

(9) 加工薄料、小料时,要用辅助工具,不得用手直接送料。

(10) 加工大料,多人配合时,必须指定一人指挥,动作协调。

(11) 根据木料的粗细和软硬度选择合理的切削速度,加工木料前应从木料中清除铁钉和铁丝等硬物。

(12) 工作完毕,切断电源,让设备自行停车,不准用手或其他物件去强制刹车,停车后要清理机床,整理工具,摆放好木料和工件。

七、拌料工岗位安全责任制

(1) 熟悉搅拌机系统的各部分结构、性能、工作原理、技术特征,并能做到"会使用、会维护、会保养、会处理一般性故障",经考试合格取得合格证后,方可上岗操作。

(2) 严格执行煤矿安全制度、操作规程及交接班制度、停送电制度,保证搅拌机系统的正常运行。

(3) 当搅拌机出现不正常情况时,应立即停车检查。当司机和维护工不能及时处理时,要报告值班领导。

(4) 参加搅拌机系统故障的检修或完好验收。

(5) 认真填写交接班记录、运转日志、事故记录等,并妥善保管。

(6) 保管好所配工器具,并做好日常检查及使用工作,损坏和丢失的按规定处罚。

(7) 搞好工作场所文明施工。

(8) 做好设备的日常保养及维护工作。

八、仪器仪表维修、发放工岗位安全责任制

(1) 仪器仪表维修工负责仪表的维修、校正、保管工作。

(2) 坚持八小时工作制,不迟到、不早退,班中不得脱岗。

(3) 负责根据具体情况合理调配安全仪器仪表,每台仪器均应建立台账,做好维修记录。

(4) 每天都要检查下井仪器情况,发现有不符合要求的应及时维修和更换,保持仪器的完好率不低于90%。

(5) 按规定定期对仪器进行校正,并填写校正记录,自己不能校正的按规定及时到有资质的部门校正。

(6) 掌握仪器的使用规律,及时更换药品、电池及其他配件。

(7) 严格按照"煤矿作业规程"操作,不得弄虚作假。

(8) 仪器仪表校正维修后要擦拭干净,摆放整齐。

(9) 负责仪器仪表原始记录、技术资料等归档工作。

(10) 拆装仪器仪表需严格按照操作规程进行。

(11) 仪器发放工应能熟练操作仪器,并及时排除故障,应熟悉仪器的性能、作用、原理。

(12) 对当班仪器完好负责。严格遵守发放制度,认真填写发放记录。发放前认真检查仪器是否完好,杜绝发放损坏、测量误差大的仪器,确保井下仪器安全使用。对交回的仪器及时检查、充电、保养,发现损坏的仪器要做好记录,交仪器维修工处理。

(13) 每班及时统计仪器数量,及时清扫、整理仪器,确保仪器发放室卫生清洁。

(14) 对各种仪器的台数、使用情况、备用情况及损坏数量及时统计汇总,并填写台账。

九、充灯工岗位安全责任制

(1) 负责全矿井矿灯的充电工作,积极参加单位的一切活动。

(2) 在矿灯充电过程中,要加强巡回检查,注意仪表指示器有无异常,发现问题及时处理。

(3) 按要求对矿灯进行充放电,保证矿灯的使用寿命。

(4) 做好矿灯的维护和保养工作。减少矿灯失爆率,避免失爆矿灯入井。

(5) 及时修复损坏和失爆的矿灯,损坏和失爆的矿灯严禁入井。

(6) 发放矿灯时,要认真检查矿灯是否正常,开关是否灵活,亮度是否满足要求。收回的矿灯要仔细检查。

(7) 做好各种记录工作。

(8) 做好人员的出、入井登记工作。

(9) 有权拒绝违章指挥,制止任何违章行为。

(10) 购进矿灯必须进行充放电试验,以检查矿灯的充电时间和工作时间。符合要求的方可使用,否则不得投入使用,并做好记录。

(11) 矿灯的报废必须经过充放电试验,经认定达不到规定时间,经有关领导签字后方可报废,并做好记录。

(12) 严格执行操作程序,搞好文明生产。积极参加各项活动,积极参与安全月和各种知识竞赛。加强个人防护。

(13) 熟知煤与瓦斯突出防治知识和职业危害防治知识,做到应知应会。配备和使用好劳动防护用品,做好职业危害防治工作。

十、水泵操作工岗位安全责任制

(1) 水泵操作工必须经过专业技术培训,取得安全培训合格证后方可上岗。

(2) 操作前应了解水泵的排水量和全矿用水数量,检查供水管路系统有无跑水现象,如有异常应及时与维修人员联系,进行检查维修处理。

(3) 应熟悉本泵室内水泵、截止阀、喷射泵、电机、联轴器、停开按钮的结构、性能、动作原理及技术特征,能熟练操作,并认真填写设备运行记录。

（4）保持泵房内的设备完好，确认各连接件不松动，防护装置可靠，填料与密封件松紧适度，润滑油脂油量符合规定，水泵轴承温度不超过 75 ℃，电机温度不超过 80 ℃。

（5）保持泵房内整洁卫生，无积水、无杂物、无锈蚀，不脱岗，不干与工作无关的事，遵守操作规程和交接班制度，发现异常问题及时向领导和调度室报告处理，并配合维修人员做好检修工作。

（6）严格执行巡回检查制度，定期检查吸水井内淤泥并做好记录，积极与检查人员配合做好水泵的检修工作，保证检修质量。

（7）认真填写运行记录，将设备状况及存在的问题向值班领导及时汇报。

（8）严格执行有害场所管理制度。

（9）参加矿组织的职业危害防护等知识培训。

十一、铲车司机岗位安全责任制

（1）熟悉铲车的各部分结构、性能、工作原理、技术特征，并能做到"会使用、会维护、会保养、会处理一般性故障"，经考试合格取得合格证后，方可上岗操作。

（2）严格执行各种安全规定、操作规程及交接班制度，保证铲车的正常运行。

（3）当铲车出现不正常情况时，应立即停止使用并进行检查。当司机不能及时处理时，要报告值班领导。

（4）努力学习业务知识，不断提高操作水平，积极参加铲车的检修和验收工作。

（5）认真填写交接班记录、检修记录等，并妥善保管。

（6）保管好所配工器具、专用工具，并做好日常检查及使用工作，损坏和丢失的按规定处罚。

（7）做好铲车驾驶室和车体环境的卫生工作。

（8）做好设备的日常保养及维护工作。

（9）配备和使用好劳动防护用品，做好职业危害防治工作。

安全技术基础知识二　各岗位安全风险及控制

学习目标

1. 掌握信号工岗位安全风险及控制。
2. 掌握把钩工岗位安全风险及控制。
3. 掌握机修钳工岗位安全风险及控制。
4. 掌握锻工岗位安全风险及控制。
5. 掌握机加工岗位安全风险及控制。
6. 掌握木工岗位安全风险及控制。
7. 掌握拌料工岗位安全风险及控制。
8. 掌握仪器仪表维修、发放工岗位安全风险及控制。
9. 掌握充灯工岗位安全风险及控制。
10. 掌握水泵操作工岗位安全风险及控制。
11. 掌握铲车司机岗位安全风险及控制。

安全技术基础知识相关知识

一、信号工岗位安全风险及控制

1. 岗位安全风险
(1) 误发信号。
(2) 信号系统不完好。
2. 预防控制措施
(1) 发送信号后确认信号执行准确。
(2) 对信号系统进行检查,确保信号系统完好。

二、把钩工岗位安全风险及控制

1. 岗位安全风险
(1) 未按要求设置警戒。
(2) 装卸车前未进行安全确认。

（3）提升大件时未与提升司机联系。

2. 预防控制措施

（1）按要求设置警戒。

（2）装卸车前进行安全确认。

（3）提升大件时与提升司机联系。

三、机修钳工岗位安全风险及控制

1. 岗位安全风险

（1）工器具使用前未认真检查。

（2）工器具使用操作不规范。

（3）起吊不规范。

2. 预防控制措施

（1）使用前认真检查工器具是否完好。

（2）正确使用操作工器具。

（3）规范起吊。

四、锻工岗位安全风险及控制

1. 岗位安全风险

（1）气锤声音异常。

（2）操作人员安全防护不到位。

（3）锤头超行程。

（4）锻打工件夹持不平稳、不牢靠。

2. 预防控制措施

（1）停机检修，排除异常声音。

（2）正确穿戴防护用品。

（3）及时检修。

（4）锻打工件夹持平稳、牢靠。

五、机加工岗位安全风险及控制

1. 岗位安全风险

（1）钻床 PE 线连接不规范或无 PE 保护线，设备电气绝缘破损可能导致触电事故。

（2）钻床转动、传动部位防护罩缺失及损坏可能导致机械伤害事故。

（3）钻头、工件装夹不牢固、不协调可能导致机械伤害事故。

（4）机床限位连锁装置故障或失效可能导致其他伤害事故。

（5）作业过程中铁屑未及时清理、缠绞,清理铁屑时未使用专用工具可能导致机械伤害事故。

（6）戴手套、围巾作业,女工长发外露或工装袖口未系紧可能导致机械伤害事故。

2. 预防控制措施

（1）PE线应连接可靠,线径、截面及安装方式应符合标准规范;局部照明或移动照明应采用安全电压,线路无老化,绝缘无破损;电气设备的绝缘、屏护、防护距离应符合《机械电气安全 机械电气设备 第1部分:通用技术条件》（GB/T 5226.1）的规定。

（2）钻头部位应有可靠的防护罩。

（3）各种防止夹具、卡具和刀具松动或脱落的装置应完好。

（4）及时排除机床限位连锁装置故障,确保其安全可靠使用。

（5）及时清理作业过程中的缠绞铁屑,清理铁屑时必须使用专用工具。

（6）严禁戴手套、围巾作业,女工严禁长发外露,作业时工装袖口必须系紧。

六、木工岗位安全风险及控制

1. 岗位安全风险

（1）未发现设备运转时异常情况;设备带病运转,易发生伤人事故。

（2）未检查设备完好性,设备带病运转,易发生伤人事故。

（3）未确认安全即离开岗位,因没有切断电源,导致火灾事故。

（4）未按作业流程操作,导致设备损坏或发生伤人事故。

（5）未认真填写检查记录,对出现问题的机器设备未能及时维修,影响正常工作,甚至因设备带病运转发生伤人事故。

2. 预防控制措施

（1）设备运行过程中,木工不得离开工作岗位,要时刻注意设备运行状况,发现异常,立即停电处理。

(2) 木工在开机前做好全面的检查工作,详细检查机械各部件、安全防护装置是否良好,锯条有无损伤及裂口,木料上有无铁钉、铅丝头或其他硬质物体,确认无问题后方可开机作业。

(3) 木工下班时,必须确认切断木工房内电源,卫生打扫干净,门窗锁好,水管阀门关严。

(4) 操作时,手和锯条应保持一定的距离,其距离不得小于 500 mm,且不许将手伸过锯条,以防伤手;进行锯割时,不允许边锯割边调整导轨;锯条运转中,也不允许调整锯卡,以防发生事故;锯割中,要时刻观察运转中的锯条动向,如锯条发生前后窜动,发出破碎声或有其他异常现象时,要立即停机,以防锯条折断伤人;卸锯条时,一定要切断电源,等锯条停稳后进行;换锯条时,手要拿稳,防止锯条弹跳伤人。

(5) 在日常检查过程中,必须把发现的问题记录清晰并及时登记、汇报。

七、拌料工岗位安全风险及控制

1. 岗位安全风险

(1) 机器运转过程中进行维修,造成机械伤人事故。

(2) 开机前,没有详细检查机器各部件连接情况,防护装置不全,造成机械伤人事故。

(3) 机器运转过程中,用铁锹伸入扒料,造成机械事故及伤人。

(4) 触及搅拌机转动部分导致夹伤。

2. 预防控制措施

(1) 严禁在机器运转过程中进行维修。

(2) 开机前,必须详细检查机器各部位连接情况及防护装置是否齐全有效。

(3) 严禁在机器运转过程中用铁锹向外扒料。

(4) 向喷浆机内上料时,手不得触及旋转部位。

八、仪器仪表维修、发放工岗位安全风险及控制

1. 岗位安全风险

(1) 未按规定进行调校,导致仪器检测数据失真,造成瓦斯超限、瓦斯爆炸。

(2) 选错气样,导致便携式甲烷检测报警仪的调校不准确,不能正确反映瓦斯浓度,造成瓦斯超限、瓦斯爆炸。

(3) 光学瓦斯检定器不完好,无法准确测量瓦斯浓度,不能及时发现瓦斯超限,造成瓦斯爆炸等事故。

(4) 便携式甲烷检测报警仪不完好,由于仪器本身的故障,不能及时发现瓦斯超限,可能发生瓦斯爆炸等事故。

(5) 仪器维修室通风不良、有明火,可能导致气体积聚,遇明火发生爆炸,或导致人员窒息。

2. 预防控制措施

(1) 仪器调校时,被检仪器、检定用甲烷标准气体及配套设备应在同等条件下放置 12 h 左右;仪器在正常位置和移动位置后的零值误差应不超过±0.1%。

(2) 必须选用 1.0%的甲烷标准气样对便携式甲烷检测报警仪的示值进行校准;用空气样和 1.0%的甲烷标准气样对便携式甲烷检测报警仪的零点和精度进行校准。

(3) 光学瓦斯检定器药品未失效,气密性完好,光路系统清晰;光学瓦斯检定器外观完好、按键灵敏。

(4) 便携式甲烷检测报警仪的电压无欠压;调校有效期不超过 15天;仪器干净、外观完好、结构完整、附件齐全,各调节按键灵敏,电源开关灵活,显示正常;便携式甲烷检测报警仪无破损,达到设定浓度值时能准确报警。

(5) 保持室内通风良好,仪器维修室内无明火。

九、充灯工岗位安全风险及控制

1. 岗位安全风险

(1) 未及时对故障矿灯进行登记及维修,导致故障矿灯失修,影响正常使用,作业时发生事故。

(2) 未在规定时间内将未还灯人员名单汇报矿调度,可能对矿灯使用人员造成危害。

(3) 作业时,未按规定穿戴劳保用品,可能导致伤人事故。

（4）矿灯自身保护功能不齐全，在充电时发生事故。

（5）矿灯充电时间不足或充电功能故障，影响正常使用，作业时发生事故。

（6）灯房内有可燃物、明火或灭火器材不齐全，造成火灾事故。

2.预防控制措施

（1）发现故障矿灯应及时登记和维修，保证完好矿灯的总数至少比经常用灯的总人数多10％。

（2）接班后做好记录，在每次换班2 h内，必须将未还灯人员的名单报告矿调度室。

（3）作业前，必须穿戴好工作服、工作鞋等劳保用品。

（4）使用的矿灯应当使用免维护电池，并具有过流和短路保护功能。采用锂离子蓄电池的矿灯还应当具有防过充电、过放电功能。

（5）矿灯及充电装置保持完好，定期排查，确保发出的矿灯最低应当能连续正常使用11 h。

（6）灯房用不燃性材料构建。取暖用蒸汽或者热水管式设备，禁止采用明火取暖。有良好的通风装置，灯房和仓库内严禁烟火，并备有灭火器材。

十、水泵操作工岗位安全风险及控制

1.岗位安全风险

（1）当班遗留问题和提醒下班注意事项未填写，当班运行数据登记错误。

（2）不按规定对手交接班，接班人员可能误操作，损坏设备或发生机电事故。

（3）湿手触摸电气开关，可能触电伤人。

（4）不按规定穿戴劳保用品，可能导致人身伤害。

（5）水泵防护罩、接地装置不齐全。

（6）固定爬梯不牢靠、脚下不平稳。

（7）蓄水池满水外溢、路面有积水。

（8）管道闸门及附件泄漏、带压介质喷出伤人。

（9）水量增大、临时水仓淤积或水泵效率降低，未及时发现并报告,造成积水。

(10)水泵空载运转或出现故障时未及时停机,造成水泵烧毁。

2.预防控制措施

(1)对设备和仪表显示、控制系统、设备运行状态、存在的问题要进行记录;对当班故障处理、巡检等操作都要认真进行登记;当班遗留问题和提醒下班注意事项应详细记录,不得遗漏。

(2)水泵工应严格执行"岗位交接班制度"和"岗位操作规程",严格履行对手交接班手续;交接双方应相互监督,对手交接。

(3)水泵工操作控制柜按钮时,保持手部干燥,并站在绝缘平台上。

(4)水泵工应穿戴好工作帽、工作衣、防砸鞋和手套;水泵工上岗前,应做好自我防护和安全确认。

(5)开启水泵前,先检查水泵防护罩、接地装置,然后再开启水泵。

(6)接班前检查固定爬梯牢靠性、室内无积水。

(7)每小时巡查一次水池水位,杜绝满水外溢。

(8)每班必须检查管道闸门、附件完好性,如有泄漏及时汇报。

(9)涌水量增加或者水泵排水能力降低时应及时报告,并做好排水量统计。

(10)水泵空载运转或出现故障必须及时停泵;防止长时间空运转烧坏水泵,造成事故。

十一、铲车司机岗位安全风险及控制

1.岗位安全风险

(1)铲车司机输送物件时精神不集中,发生碰撞事故。

(2)铲车超高、超宽、超速行驶,发生碰撞事故,物件掉落,零件碰伤。

(3)铲车停放时,铲车司机钥匙未拔造成无证人员擅自驾驶铲车致行人伤害。

(4)铲车开机或行走周围有人作业,导致挤伤人员。

(5)铲车照明、制动、声光报警不完好,导致人员受伤。

(6)铲车司机操作时将身体伸出驾驶室外,导致人员受伤。

(7) 停车不符合规定,卸料时与人员配合不当。

(8) 司机误操作或操作不当,未检查停车地点安全状况或检查不到位。

2. 预防控制措施

(1) 按操作规程操作,安全驾驶。

(2) 按操作规程操作,安全驾驶,严禁铲车超高、超宽、超速行驶,行驶时认真查看周围环境是否安全,并鸣笛警示附近作业人员。

(3) 铲车司机离开铲车必须关闭电源、拔下钥匙、拉起手刹,并将铲车停放在规定位置;铲车司机必须经过特种作业培训合格并获得有效证件才能独立操作。

(4) 铲车行驶必须执行"行人不行车、行车不行人"的规定;铲车在拐弯处必须减速、警示,确认无人后方可行走;在铲车行车区域外设置警示杆(标识)。

(5) 铲车照明必须完好;铲车上必须装设声光报警装置,且保持完好;铲车运行前,必须仔细检查铲车的紧急制动系统是否可靠,发现问题及时处理。

(6) 铲车司机操作时身体的任何部位不得伸出驾驶室。

(7) 斜坡停车时要使用三角木支车,专人负责现场指挥,指挥人员站位合理。

(8) 铲车司机必须掌握作业现场情况,规范操作,确认停车区域安全。严禁利用铲车进行吊装、举人等作业,铲车起步前司机必须认真查看周围环境是否安全,并鸣笛警示附近作业人员。

安全技术基础知识三
各岗位事故隐患排查及治理

学习目标

1. 掌握信号工作业隐患排查及治理。

2. 掌握把钩工作业隐患排查及治理。

3. 掌握机修钳工作业隐患排查及治理。

4. 掌握锻工作业隐患排查及治理。

5. 掌握机加工作业隐患排查及治理。

6. 掌握木工作业隐患排查及治理。

7. 掌握拌料工作业隐患排查及治理。

8. 掌握仪器仪表维修、发放工作业隐患排查及治理。

9. 掌握充灯工作业隐患排查及治理。

10. 掌握水泵操作工作业隐患排查及治理。

11. 掌握铲车司机作业隐患排查及治理。

安全技术基础知识相关知识

一、信号工作业隐患排查及治理

1. 隐患内容

(1) 信号发送不正确。

(2) 阻车器没有及时关闭。

(3) 擅自离岗。

(4) 操作不规范,用力过猛。

2. 隐患治理

(1) 发送信号时要进行二次确认。

(2) 操作完成后及时关闭阻车器并进行确认,工作中注意力集中,加强检查。

(3) 不得擅自离岗,加强巡岗检查。

(4) 加强培训教育,文明上岗、操作规范。

二、把钩工作业隐患排查及治理

1. 隐患内容

(1) 安全门关闭不到位。

(2) 阻车器没有及时关闭。

(3) 擅自离岗。

(4) 劳保用品穿戴不齐全。

(5) 对需要装卸的车辆检查不认真。

（6）轨道存在运行隐患。

2. 隐患治理

（1）信号发出后应检查安全门是否关闭到位，并进行确认。

（2）加强检查，及时提醒信号工关闭阻车器。

（3）不得擅自离岗，加强巡岗检查。

（4）加强检查，要求劳保用品穿戴齐全，做好操作人员安全防护。

（5）仔细检查需要装卸的车辆，对不规范的车辆要及时进行处理、汇报。

（6）经常检查轨道质量，发现问题及时汇报、处理。

三、机修钳工作业隐患排查及治理

1. 隐患内容

（1）检修设备时没有停电闭锁并挂牌。

（2）使用带有隐患的工具。

（3）劳保用品穿戴不齐全。

（4）使用手锤时戴手套或前方站人。

（5）锤柄上有油渍。

2. 隐患治理

（1）检修设备时必须停电闭锁并挂牌或设专人看守。

（2）工作前认真检查工具。

（3）劳保用品穿戴齐全。

（4）使用手锤时不得戴手套，前方不得站人。

（5）锤柄上不得有油渍。

四、锻工作业隐患排查及治理

1. 隐患内容

（1）炉火没有及时熄灭。

（2）没有戴防护眼镜。

（3）劳保用品穿戴不齐全。

（4）使用不完好的工器具。

2.隐患治理

(1) 使用完毕后及时熄灭炉火。

(2) 工作时戴好防护眼镜。

(3) 劳保用品穿戴齐全。

(4) 检查工器具是否完好。

五、机加工作业隐患排查及治理

1.隐患内容

(1) 没有戴防护眼镜。

(2) 劳保用品穿戴不齐全。

(3) 使用不完好的工器具。

2.隐患治理

(1) 工作时戴好防护眼镜。

(2) 劳保用品穿戴齐全。

(3) 检查工器具完好情况。

六、木工作业隐患排查及治理

1.隐患内容

(1) 施工区吸烟、动用明火发生火灾。

(2) 木工机械设备漏电。

(3) 电锯锯片有裂齿、裂纹或变形崩伤作业人员。

(4) 使用机械加工木料时戴手套送料接料,离机械滚筒较近,造成伤人。

(5) 刨短料时不用压板和推棍,造成机械伤人。

2.隐患治理

(1) 严禁在施工区吸烟、动用明火。

(2) 加强机械设备检修,定期进行绝缘遥测。

(3) 开锯前严格检查锯片是否完好。

(4) 使用机械加工木料时严禁戴手套,操作时严禁站在与锯片同一直线上,并保持安全距离。

(5) 操作机械时,要严格按照规程操作。

七、拌料工作业隐患排查及治理

1. 隐患内容

(1) 机器运转过程中进行维修。

(2) 劳保用品穿戴不齐全。

(3) 开机前没有详细检查机器各部件是否完好。

2. 隐患治理

(1) 严禁在机器运转过程中进行维修。

(2) 劳保用品穿戴齐全。

(3) 开机前详细检查机器各部件完好情况。

八、仪器仪表维修、发放工作业隐患排查及治理

1. 隐患内容

(1) 线路电源开关等电气设备漏电。

(2) 安装拆卸维修时未停电。

(3) 电烙铁等工具使用不当,导致烫伤、划伤。

(4) 修理发爆器操作不当造成高压放电伤人。

(5) 使用不完好的工器具。

2. 隐患治理

(1) 定期检查,及时处理。

(2) 安装拆卸时先停电。

(3) 电烙铁必须放在专用架上。

(4) 修理发爆器时先放电。

(5) 检查工器具完好情况。

九、充灯工作业隐患排查及治理

1. 隐患内容

(1) 接触带电的设备导致触电伤人。

(2) 擦洗、摆放矿灯和自救器不当,导致碰伤。

(3) 检查不仔细,出现漏检;装配时缺少零配件;检修时,不按规定要求检修。

(4) 充电电压过高,充电设施绝缘损坏,接地系统不完好。

2.隐患治理

(1)严格按规程操作,不得擅自接触电气设备。

(2)擦洗、摆放矿灯和自救器要轻拿轻放。

(3)矿灯必须每班进行检查,保证完好;装配时,必须检查零配件,装配完毕,必须做完好试验;检修时必须按规定要求检修。

(4)充电设施绝缘损坏,应急时更换,必须对接地系统进行认真检查。

十、水泵操作工作业隐患排查及治理

1.隐患内容

(1)转动和传动部位外露。

(2)电机过热。

(3)拆卸、吊装设备碰伤。

(4)不按规程操作。

2.隐患治理

(1)加装护罩或遮栏等防护设施。

(2)及时检修或更换电机。

(3)按措施拆卸、吊装设备。

(4)加强培训,按照规程操作。

十一、铲车司机作业隐患排查及治理

1.隐患内容

(1)刹车、照明、喇叭不完好。

(2)铲车上站人,造成人员伤害。

(3)铲车开机或行走时周围有人作业。

(4)铲车停用时,没有停电、闭锁。

2.隐患治理

(1)及时检修或停用。

(2)行驶的铲车上不得站人。

(3)铲车行驶必须执行"行人不行车、行车不行人"的规定。

(4)铲车停用时,必须停电并闭锁。

安全技术基础知识四
《煤矿安全规程》及安全生产标准化的相关规定

👆 学习目标

1. 熟悉《煤矿安全规程》相关规定。
2. 熟悉安全生产标准化管理体系的相关规定。

👆 安全技术基础知识相关知识

一、《煤矿安全规程》对煤矿地面从业人员作业的相关规定

（1）从事煤炭生产与煤矿建设的企业（以下统称煤矿企业）必须遵守国家有关安全生产的法律、法规、规章、规程、标准和技术规范。

煤矿企业必须加强安全生产管理，建立健全各级负责人、各部门、各岗位安全生产与职业病危害防治责任制。

煤矿企业必须建立健全安全生产与职业病危害防治目标管理投入、奖惩、技术措施审批、培训、办公会议制度，安全检查制度，安全风险分级管控工作制度，事故隐患排查、治理、报告制度，事故报告与责任追究制度等。

煤矿企业必须制定重要设备材料的查验制度，做好检查验收和记录，防爆、阻燃抗静电、保护等安全性能不合格的不得入井使用。

煤矿企业必须建立各种设备、设施检查维修制度，定期进行检查维修，并做好记录。

煤矿必须制定本单位的作业规程和操作规程。

（2）煤矿企业必须设置专门机构负责煤矿安全生产与职业病危害防治管理工作，配备满足工作需要的人员及装备。

（3）煤矿建设项目的安全设施和职业病危害防护设施，必须与主体工程同时设计、同时施工、同时投入使用。

（4）对作业场所和工作岗位存在的危险有害因素及防范措施、事

故应急措施、职业病危害及其后果、职业病危害防护措施等,煤矿企业应履行告知义务,从业人员有权了解并提出建议。

(5)煤矿安全生产与职业病危害防治工作必须实行群众监督。煤矿企业必须支持群众组织的监督活动,发挥群众的监督作用。

从业人员有权制止违章作业,拒绝违章指挥;当工作地点出现险情时,有权立即停止作业,撤到安全地点;当险情没有得到处理,不能保证人身安全时,有权拒绝作业。

从业人员必须遵守煤矿安全生产规章制度、作业规程和操作规程,严禁违章指挥、违章作业。

(6)煤矿企业必须对从业人员进行安全教育和培训。培训不合格的,不得上岗作业。

煤矿企业主要负责人和安全生产管理人员必须具备煤矿安全生产知识和管理能力,并经考核合格。特种作业人员必须按国家有关规定培训,经考试合格,取得资格证书后,方可上岗作业。

矿长必须具备安全专业知识,具有组织、领导安全生产和处理煤矿事故的能力。

(7)煤矿使用的纳入安全标志管理的产品,必须取得煤矿矿用产品安全标志。未取得煤矿矿用产品安全标志的,不得使用。

试验涉及安全生产的新技术、新工艺必须经过论证并制定安全措施;新设备、新材料必须经过安全性能检验,取得产品工业性试验安全标志。

严禁使用国家明令禁止使用或淘汰的危及生产安全和可能产生职业病危害的技术、工艺、材料和设备。

积极推广自动化、智能化开采,减少井下作业人数。

(8)煤矿企业在编制生产建设长远发展规划和年度生产建设计划时,必须同时编制安全技术与职业病危害防治发展规划和安全技术措施计划。安全技术措施与职业病危害防治所需费用、材料和设备等必须列入企业财务、供应计划。

煤炭生产与煤矿建设的安全投入和职业病危害防治费用提取、使用必须符合国家有关规定。

（9）煤矿企业必须编制年度灾害预防和处理计划，并根据具体情况及时修改。灾害预防和处理计划由矿长组织实施。

（10）煤矿企业必须建立应急救援组织，健全规章制度，编制应急救援预案，储备应急救援物资、装备并定期检查补充。

煤矿企业必须建立矿井安全避险系统，对井下人员进行安全避险和应急救援培训，每年至少组织1次应急演练。

（11）煤矿企业应有创伤急救系统为其服务。创伤急救系统应配备救护车辆、急救器材、急救装备和药品等。

二、安全生产标准化对煤矿地面生产保障作业人员的相关规定

（一）地面办公场所

（1）办公室配备能满足工作需要，办公设施应齐全、完好；

（2）应配备有会议室，设施应齐全、完好。

（二）工业广场

1. 工业广场设计

（1）工业广场设计符合规定要求，布局合理，工作区与生活区应分区设置；

（2）物料应分类码放整齐；

（3）煤仓及储煤场的储煤能力应满足煤矿生产能力要求；

（4）停车场规划合理、划线分区，车辆按规定停放整齐，照明应符合要求。

2. 工业道路

工业道路应符合《厂矿道路设计规范》的要求，道路布局合理，实施硬化处理。

3. 环境卫生

（1）依条件实施绿化；

（2）厕所规模和数量应适当，位置合理，设施完好有效，符合相应的卫生标准；

（3）每天对储煤场、场内运煤道路进行整理、清洁，洒水降尘。

（三）地面设备材料库

（1）仓储配套设备、设施应齐全、完好；

（2）不同性能的材料应分区或专库存放并采取相应的防护措施；

（3）货架布局合理，并实行定置管理。

安全技术基础知识五　地面安全基本知识

学习目标

1. 掌握地面安全用电相关规定。

2. 掌握防灭火知识。

3. 熟悉火灾逃生知识。

4. 掌握防食物中毒知识。

安全技术基础知识相关知识

一、地面安全用电

1. 电气作业

（1）作业人员不得穿戴潮湿的劳动保护用品；正确佩戴和使用绝缘用具。

（2）电源线、插座、插头无破损。

（3）检修时应在相应开关处悬挂"有人作业，禁止合闸"警示牌，禁止带电作业。

（4）临时电缆（线）有防护措施，不得妨碍通行，有防止踩压措施，有可靠接地。

2. 机电设备

（1）用电设备、设施有可靠的接地，有明显的连接点。

（2）各种限位开关、仪表灵敏可靠，无裸露接头。

（3）设备自身配电箱内清洁、无油污。

（4）各种开关齐全、灵敏、可靠，有急停开关。

（5）电焊机一、二次接线柱有防护罩，电源线绝缘良好。

（6）焊接变压器一、二次线圈间，绕组与外壳间的绝缘电阻不小于

1兆欧。要求每半年至少应对焊机绝缘电阻遥测一次,记录齐全。

(7)电焊机应单独设开关,电焊机外壳应做接地保护。电焊机两侧接线必须牢固可靠,并有可靠防护护罩。

(8)电焊把线应双线到位,不得借用金属管道、金属脚手架、结构钢筋等做回路地线。电焊线路应绝缘良好,无破损、裸露。电焊机应采取防埋、防浸、防雨、防砸措施。

3. 配电室

(1)用电设备和电气线路的周围应留有足够的安全通道和工作空间。电气装置附近不应堆放易燃、易爆和腐蚀性物品。

(2)检查配电柜运行指示灯是否正常,低压配电电器操作机构应有"分""合"标志。

(3)定期对电气设备、电工工具、器具进行安全检验或试验。电力安全用具应妥善保管,防止受潮、暴晒,防止脏污和损坏。电气设备保持性能完好,清洁无尘;工具齐全、整洁,摆放整齐。

(4)室内应悬挂相关操作规程和制度。

(5)应配有消防器材,灭火器可选用磷酸铵盐干粉灭火器、碳酸氢钠干粉灭火器、卤代烷灭火器或二氧化碳灭火器,但不得选用装有金属喇叭喷筒的二氧化碳灭火器。

(6)电缆沟、进护套管应有防止小动物进入和防水措施。

(7)站场临时性用电线路应采取保护措施。

(8)至少应有两名电工持证作业,且必须有特种作业操作证。

4. 配电箱(柜)

(1)配电箱(柜)应设电源隔离开关及短路、过载、漏电保护电器;配电系统应配置电柜或总配电箱、分配电箱、开关箱,实行三级配电,逐级漏电保护;设备专用箱做到"一机、一闸、一箱、一漏",严禁一闸多机。

(2)配电箱(柜)应编号,并标记用途,动力配电箱与照明配电箱宜分别设置。配电箱应保持整洁,不得堆放妨碍操作维修的杂物;移动式配电箱、开关箱的进、出线应采用橡皮护套绝缘电缆,不得有接头。

(3)不得用其他金属丝代替熔丝。

(4)配电箱、开关箱外形结构应能防雨、防尘,附近无障碍物;内部整洁无杂物、无积水。

(5) 各种元件、仪表、开关与线路连接可靠,接触良好,无严重发热、烧损现象。

(6) 箱体接地可靠;各配电箱内无裸露电缆接头,电线规整。

5. 手持电动工具

(1) 所用插座和插头在结构上应保持一致,避免导电触头和保护触头混用。

(2) 在潮湿场所或金属构架上严禁使用Ⅰ类手持式电动工具。

(3) 手持式电动工具的外壳、手柄、插头、开关、负荷线等必须完好无损。

(4) 使用手持式电动工具的作业人员,必须按规定穿戴绝缘防护用品。

(5) 电源线不得有接头,并有可靠的接地措施。

(6) 开关、插头完好,并与电动工具匹配。

(7) 防护罩、盖或手柄无破裂、变形或松动。

6. 配电线路

(1) 电线无老化、破皮。

(2) 电缆主线芯的截面应当满足供电线路负荷的要求。电缆应当带有供保护接地用的足够截面的导体。

7. 现场照明

(1) 灯具金属外壳要有接地保护。

(2) 固定式照明灯具使用的电压不得超过 220 V,手灯或者移动式照明灯具的电压应当小于 36 V,在金属容器内作业用的照明灯具的电压不得超过 24 V。

8. 其他

(1) 作业面上的电源线应采取防护措施,严禁拖地。

(2) 电工作业时应佩戴绝缘防护用品,持证上岗。

(3) 应定期对漏电保护器进行检查。

(4) 施工现场有高压线的,必须有具体方案并采取防护措施。

(5) 宿舍用电严禁私拉乱接。

二、防灭火

（1）养成良好习惯，不要随意乱扔未熄灭的烟头和火种；不能在酒后、疲劳状态和临睡前在床上和沙发上吸烟。

（2）夏天点蚊香应放在专用的架台上，不能靠近窗帘、蚊帐等易燃物品。

（3）不随意存放汽油、酒精等易燃易爆物品，使用时要加强安全防护。

（4）使用明火要特别小心，火源附近不要放置可燃、易燃物品。

（5）焊割作业火灾危险大，作业前要清楚附近易燃、可燃物。作业前要清除附近易燃、可燃物；作业中要有专人监护，防范高温焊屑飞溅引发火灾；作业后要检查是否遗留火种。

（6）发现煤气泄漏，速关阀门，打开门窗；切勿触动电器开关盒、使用明火，并迅速通知专业维修部门来处理。

（7）要经常检查电气线路，防止老化、短路、漏电等情况；发现电器线路破旧老化要及时修理更换。

（8）电路保险丝（片）熔断后，切勿用铜丝、铁丝代替，提倡安装自动空气开关。

（9）不能超负荷用电，不乱拉乱接电线。

（10）离开住处或睡觉前要检查用电器具是否断电，总电源是否切断，燃气阀门是否关闭，明火是否熄灭。

（11）切勿在走廊、楼梯口、消防通道等处堆放杂物，要保证通道和安全出口的畅通。

三、火灾逃生

火灾发生有很大的偶然性，一旦火灾降临，在浓烟毒气和烈焰包围下，极易导致人死亡。面对滚滚浓烟和熊熊烈焰，只有冷静机智地运用火场自救与逃生知识，才有可能成功逃生。因此，多掌握一些火场自救的要诀非常重要。

（1）逃生预演，临危不乱。每个人对自己工作、学习或居住所在建筑物的结构及逃生路径要做到了然于胸，必要时可集中组织应急逃生预演，使大家熟悉建筑物内的消防设施及自救逃生的方法。这样，火灾发生时,就不会觉得走投无路了。

(2) 熟悉环境,暗记出口。当你处在陌生的环境时,如入住酒店、商场购物、进入娱乐场所时,为了自身安全,务必留心疏散通道、安全出口及楼梯方位等,以便关键时候能尽快逃离现场。

(3) 通道出口,畅通无阻。楼梯、通道、安全出口等是火灾发生时最重要的逃生之路,应保证其畅通无阻,切不可堆放杂物或设闸上锁,以便紧急时能安全迅速地通过。

(4) 保持镇静,明辨方向,迅速撤离。发生火灾时,不要惊慌,要听从疏散人员的安排,沿逃生通道有序撤离火场。

四、防食物中毒

凡是吃了被有毒细菌(如沙门氏菌、葡萄球菌、大肠杆菌、肉毒杆菌等)和它的毒素污染的食物,或是进食了含有毒性化学物质的食品,或是食物本身含有自然毒素等引起的急性中毒性疾病,都叫食物中毒。如河豚中毒、有毒贝类中毒、亚硝酸盐类中毒,毒蘑菇、霉变甘蔗、未加热透的豆浆、菜豆和发芽的土豆等中毒。

1. 食物中毒的特点

(1) 发病呈暴发性,潜伏期短,来势急剧,短时间内可能有多人发病。

(2) 中毒病人具有相似的临床症状。常常出现恶心、呕吐、腹痛、腹泻等消化道症状。

(3) 发病与食物有关。患者在近期内都食用过同样的食物,发病范围局限在食用该类有毒食物的人群,停止食用该食物后发病很快停止。

(4) 食物中毒病人对健康人不具有传染性。

2. 中毒症状

食物中毒者最常见的症状是剧烈的呕吐、腹泻,同时伴有中上腹部疼痛,常会因上吐下泻而出现脱水症状,如口干、眼窝下陷、皮肤弹性消失、肢体冰凉、脉搏细弱、血压降低等,严重的可致休克。食物中毒多发生在气温较高的夏秋季,其他季节也有集体中毒发生(如发生在食堂及宴会上)。

3. 急救措施

一旦有人出现上吐下泻、腹痛等食物中毒症状,千万不要惊慌失措,冷静地分析发病的原因,针对引起中毒的食物以及吃下去的时间长短,及时采取以下应急措施:

(1)催吐。如食物吃下去的时间在 1~2 h 内,可采取催吐的方法。

(2)导泻。如食物吃下去的时间超过 2 h,且精神尚好,则可服用些泻药,促使中毒食物尽快排出体外。

(3)解毒。如果是吃了变质的鱼、虾、蟹等引起的食物中毒,可采取稀释、中和的解毒方法进行解毒。

如果经上述急救,病人的症状未见好转,或中毒较重者,应尽快送医院治疗。在治疗过程中,要给病人以良好的护理,尽量使其安静,避免精神紧张,注意休息,防止受凉,同时补充足量的淡盐开水。控制食物中毒的关键在于预防,搞好饮食卫生,防止"病从口入"。

模块二 地面生产保障作业安全操作技能

安全操作技能一 各岗位"双述"

学习目标

1. 了解信号工作业岗位"双述"。
2. 了解把钩工作业岗位"双述"。
3. 了解机修钳工作业岗位"双述"。
4. 了解锻工作业岗位"双述"。
5. 了解机加工作业岗位"双述"。
6. 了解木工作业岗位"双述"。
7. 了解拌料工作业岗位"双述"。
8. 了解仪器仪表维修、发放工作业岗位"双述"。
9. 了解充灯工作业岗位"双述"。
10. 了解水泵操作工作业岗位"双述"。
11. 了解铲车司机作业岗位"双述"。

安全操作技能相关知识

一、信号工作业岗位"双述"

1. 岗位描述

欢迎领导光临检查指导工作,我叫×××,是×队当班信号工,熟悉所使用信号装置的结构、性能、工作原理、各种保护的原理和检查试验方法,熟悉信号装置的完好标准,会维护、保养信号装置。经培训合格,取得安全培训合格证,持证上岗。

我的主要职责是:负责新风井×信号装置的使用和日常维护。工作中做到认真执行操作规程和安全措施,听从带班长、副带班长指挥,完成当班任务。

本岗位描述完毕,请领导指示!

2.手指口述

(1)接班检查工作场所是否安全,确认完毕!

(2)钢丝绳是否完好,有无弯折、硬伤、打结、严重锈蚀,断丝是否超限,确认完毕!

(3)钢丝绳钩头固定绳卡是否牢固,有无松动,确认完毕!

(4)副绳是否安全可靠,有无弯折、硬伤、打结、绳卡是否松动,确认完毕!

(5)副绳与主绳连接是否完好,确认完毕!

(6)井底车场道轨是否完好,有无弯曲、变形,确认完毕!

(7)挡车器、保险挡是否完好,确认完毕!

(8)扳道器是否完好,确认完毕!

(9)信号装置是否灵敏可靠,确认完毕!

(10)语言信号是否清晰,确认完毕!

(11)信号指示灯是否有效,确认完毕!

(12)确认安全无误后,与上班信号工交接班,确认完毕!

(13)井底道岔是否闭合严实,确认完毕!

手指口述完毕,请领导指示!

二、把钩工作业岗位"双述"

1.岗位描述

欢迎领导光临检查指导工作,我叫×××,是×队当班把钩工,熟悉所使用矿车的结构、性能、工作原理、各种保护装置的原理和检查试验方法,熟悉连接车装置的完好标准,会维护、保养连接车装置。经培训合格,取得安全培训合格证,持证上岗。

我的主要职责是:负责副井各种车辆连接装置的使用和日常维护。

工作中做到认真执行操作规程和安全措施,听从带班长、副带班长指挥,完成当班任务。

本岗位描述完毕,请领导指示!

2.手指口述

(1)接班检查工作场所附近是否安全,确认完毕!

(2)钢丝绳是否完好,有无弯折、硬伤、打结、严重锈蚀,断丝是否超限,确认完毕!

(3)钢丝绳钩头固定绳卡是否牢固,有无松动,确认完毕!

(4)副绳是否安全可靠,有无弯折、硬伤、打结,绳卡是否松动,确认完毕!

(5)副绳与主绳连接是否完好,确认完毕!

(6)地面道轨是否完好,有无弯曲、变形,确认完毕!

(7)挡车器、保险挡是否完好,确认完毕!

(8)扳道器是否完好,确认完毕!

(9)确认安全无误后,与上班把钩工交接班,确认完毕!

(10)地面道岔是否闭合严实,确认完毕!

手指口述完毕,请领导指示!

三、机修钳工作业岗位"双述"

1.岗位描述

欢迎领导光临检查指导工作,我叫×××,是×车间当班机修钳工,熟悉所维修的机械设备结构、性能、工作原理、各种保护装置的原理和检查试验方法,熟悉机械设备的完好标准,会维护、保养机械设备。经培训合格,取得安全培训合格证,持证上岗。

我的主要职责是:负责责任区内机械设备的使用和日常维护。工作中做到认真执行操作规程和安全措施,听从带班长、副带班长指挥,完成当班维修任务。

本岗位描述完毕,请领导指示!

2.手指口述

(1)接班检查工作场所附近是否安全,确认完毕!

(2)所维修的机械设备是否漏油、磨损、老化超过规定,确认完毕!

（3）所维修的机械设备是否完好，确认完毕！

（4）所维修的机械设备是否缺少部件，确认完毕！

（5）所维修的机械设备是否正常运转，确认完毕！

（6）确认安全无误后，与上班机修钳工交接班，确认完毕！

手指口述完毕，请领导指示！

四、锻工作业岗位"双述"

1. 岗位描述

欢迎领导光临检查指导工作，我叫×××，是×车间当班锻工，熟悉锻造设备、设施、工具，熟悉各种被锻造物件的操作流程和锻造标准。经培训合格，取得安全培训合格证，持证上岗。

我的主要职责是：负责岗位范围内锻造物件。工作中做到认真执行操作规程和安全措施，听从车间主任、班长指挥，完成当班锻造任务。

本岗位描述完毕，请领导指示！

2. 手指口述

（1）接班检查工作场所附近是否安全，确认完毕！

（2）锻造设备、设施、工具是否完好，确认完毕！

（3）锻造工作场所有无杂物、是否有闲置物件，确认完毕！

（4）锻造工作场所温度、湿度是否超过规定，确认完毕！

（5）锻造的物件是否合格，确认完毕！

（6）确认安全无误后，与上班锻工交接班，确认完毕！

手指口述完毕，请领导指示！

五、机加工作业岗位"双述"

1. 岗位描述

欢迎领导光临检查指导工作，我叫×××，是×车间当班机加工，熟悉钻床设备、设施、工具，熟悉各种被加工物件的操作流程和加工标准。经培训合格，取得安全培训合格证，持证上岗。

我的主要职责是：负责岗位范围内机械物件加工。工作中做到认真执行操作规程和安全措施，听从车间主任、班长指挥，完成当班物件加工任务。

本岗位描述完毕,请领导指示!

2.手指口述

(1)接班检查工作场所附近是否安全,确认完毕!

(2)机床是否完好,确认完毕!

(3)工作前刀具、工件夹得是否牢固可靠,确认完毕!

(4)卡盘扳手和刀架扳手用完后是否取下,确认完毕!

(5)刀具、量具、工件及其他东西是否放在机床床面上或产生运动的部位,确认完毕!

(6)确认安全无误后,与上班机加工交接班,确认完毕!

手指口述完毕,请领导指示!

六、木工作业岗位"双述"

1.岗位描述

欢迎领导光临检查指导工作,我叫×××,是×队当班木工,熟悉木工设备、设施、工具,熟悉木工加工的操作流程和加工标准。经培训合格,取得安全培训合格证,持证上岗。

我的主要职责是:负责岗位范围内通风设施(风门、风窗、栅栏等)加工任务。工作中做到认真执行操作规程和安全措施,听从队长、班长指挥,完成当班通风设施加工任务。

本岗位描述完毕,请领导指示!

2.手指口述

(1)接班检查工作场所附近是否安全,确认完毕!

(2)模板支撑是否使用腐朽、扭裂、劈裂的材料,确认完毕!

(3)支设独立梁模是否设临时工作台,是否站在柱模上操作和在梁底模上行走,确认完毕!

(4)平刨机是否有安全防护装置,确认完毕!

(5)各种木工机械是否做传动部位防护装置、安全防护挡板,确认完毕!

(6)确认安全无误后,与上班木工交接班,确认完毕!

手指口述完毕,请领导指示!

七、拌料工作业岗位"双述"

1. 岗位描述

欢迎领导光临检查指导工作,我叫×××,是×队当班拌料工,熟悉拌料设备、设施、工具,熟悉拌料的操作流程和拌料标准。经培训合格,取得安全培训合格证,持证上岗。

我的主要职责是:负责岗位范围内拌料任务。工作中做到认真执行操作规程和安全措施,听从队长、班长指挥,完成当班拌料任务。

本岗位描述完毕,请领导指示!

2. 手指口述

(1) 接班检查工作场所附近是否安全,确认完毕!

(2) 拌料设备、设施、工具是否完好,确认完毕!

(3) 搅拌作业场所防尘通风是否良好,确认完毕!

(4) 拌料机械各部件、电气设备和传动系统是否良好和有无松动现象,以及自动配料、给水装置等是否灵敏,确认完毕!

(5) 拌料工作前机械是否试运转 $1\sim2$ min,有无异常现象和杂音,确认完毕!

(6) 确认安全无误后,与上班拌料工交接班,确认完毕!

手指口述完毕,请领导指示!

八、仪器仪表维修、发放工作业岗位"双述"

1. 岗位描述

欢迎领导光临检查指导工作,我叫×××,是×队当班仪器仪表维修、发放工,熟悉仪器仪表维修、发放的操作流程和管理标准。经培训合格,取得安全培训合格证,持证上岗。

我的主要职责是:负责岗位范围内仪器仪表维修、发放任务。工作中做到认真执行操作规程和安全措施,听从队长、班长指挥,完成当班仪器仪表维修、发放任务。

本岗位描述完毕,请领导指示!

2. 手指口述

(1) 接班检查工作场所附近是否安全,确认完毕!

(2) 数字式万用表是否完好,确认完毕!

（3）检流计是否良好,确认完毕!

（4）便携式直流电位差计是否良好,确认完毕!

（5）使用试电笔前应在已知带电插孔上检查试电笔是否完好,确认完毕!

（6）待发的仪器仪表是否进行检查,是否灵敏可靠,确认完毕!

（7）收回的仪器仪表是否详细检查完好状态,损坏的仪器是否及时修理,确认完毕!

（8）确认安全无误后,与上班仪器仪表维修、发放工交接班,确认完毕!

手指口述完毕,请领导指示!

九、充灯工作业岗位"双述"

1. 岗位描述

欢迎领导光临检查指导工作,我叫×××,是×队当班充灯工,熟悉矿灯维修、发放的操作流程和管理标准。经培训合格,取得安全培训合格证,持证上岗。

我的主要职责是:负责岗位范围内矿灯维修、发放任务。工作中做到认真执行操作规程和安全措施,听从队长、班长指挥,完成当班矿灯维修、发放任务。

本岗位描述完毕,请领导指示!

2. 手指口述

（1）接班检查工作场所附近是否安全,确认完毕!

（2）充灯工是否戴橡胶手套,是否穿胶鞋、工作服,确认完毕!

（3）充灯过程中,是否严格检查每盏矿灯的充电情况,确认完毕!

（4）交回的矿灯是否检查灯头圈、玻璃、灯线、开关、透气盖等零件完好,确认完毕!

（5）在启用新矿灯时,是否检查矿灯及充电装置零件有损坏和松动现象,确认完毕!

（6）矿灯正常充电时间是否小于 12 h,确认完毕!

（7）确认安全无误后,与上班充灯工交接班,确认完毕!

手指口述完毕,请领导指示!

十、水泵操作工作业岗位"双述"

1. 岗位描述

欢迎领导光临检查指导工作,我叫×××,是×队当班水泵操作工,熟悉水泵的结构、性能、工作原理,会使用、会保养、会排除一般性故障。经培训合格,取得安全培训合格证,持证上岗。

我的主要职责是:负责岗位范围内水泵操作任务。工作中做到认真执行操作规程和安全措施,听从队长、班长指挥,完成当班排水任务。

本岗位描述完毕,请领导指示!

2. 手指口述

(1)接班检查工作场所附近是否安全,确认完毕!

(2)水泵各紧固螺栓是否松动,紧固是否牢靠,确认完毕!

(3)水泵吸水管道是否正常,吸水高度是否符合规定,确认完毕!

(4)水泵各闸阀是否处于关闭状态,接口是否渗漏,确认完毕!

(5)人工手动盘动水泵,是否灵敏无卡阻,确认完毕!

(6)水泵出现异常是否先关闭水泵出水闸阀或确保出水闸阀处于关闭状态,确认完毕!

(7)确认安全无误后,与上班水泵操作工交接班,确认完毕!

手指口述完毕,请领导指示!

十一、铲车司机作业岗位"双述"

1. 岗位描述

欢迎领导光临检查指导工作,我叫×××,是×单位当班铲车司机,熟悉铲车的结构、性能、工作原理,会使用、会保养、会排除一般性故障。经培训合格,取得安全培训合格证,持证上岗。

我的主要职责是:负责岗位范围内货物的铲、装、运、卸任务。工作中做到认真执行操作规程和安全措施,听从队长、班长指挥,完成当班货物的铲、装、运、卸任务。

本岗位描述完毕,请领导指示!

2. 手指口述

(1)接班检查工作场所附近是否安全,确认完毕!

(2)开车前检查刹车、转向机构、喇叭、照明、液压系统等装置是否灵敏可靠,确认完毕!

(3) 铲车各主要部件是否在完好无损、安全可靠的情况下工作,确认完毕!

(4) 货物是否超出最大载重负荷,确认完毕!

(5) 铲车作业周围是否有人滞留,确认完毕!

(6) 货物是否可以长时间留在铲货斗上,确认完毕!

(7) 确认安全无误后,与上班铲车司机交接班,确认完毕!

手指口述完毕,请领导指示!

安全操作技能二 各岗位安全技术操作规程

 学习目标

1. 掌握信号工岗位安全技术操作规程。

2. 掌握把钩工岗位安全技术操作规程。

3. 掌握机修钳工岗位安全技术操作规程。

4. 掌握锻工岗位安全技术操作规程。

5. 掌握机加工岗位安全技术操作规程。

6. 掌握木工岗位安全技术操作规程。

7. 掌握拌料工岗位安全技术操作规程。

8. 掌握仪器仪表维修、发放工岗位安全技术操作规程。

9. 掌握充灯工岗位安全技术操作规程。

10. 掌握水泵操作工岗位安全技术操作规程。

11. 掌握铲车司机岗位安全技术操作规程。

 安全操作技能相关知识

一、信号工岗位安全技术操作规程

1. 一般规定

(1) 必须持证上岗,熟知主井装、卸载设备及信号设施的性能、结构和工作原理。

（2）接班时必须试验舌板闭锁、满仓信号保护是否灵敏可靠。

（3）每次动罐前，先将大钩放下，舌板收回。当动罐信号发出后，绝不允许随意更改信号，如遇特殊情况时，应先打停点，并确认绞车不动后，再进行处理。如箕斗未停稳或不到位时，不准放出舌板或提起大钩。

（4）提煤时，要做到目接目送，运行中要视、听集中，发觉异常立即打停点并汇报，待查明处理后，方可提升。

（5）信号规定：一点停，二点快提，三点快下，四点慢提，五点慢下，均以主罐为主。

（6）当检查罐道或吊运特殊物件时，井上、下信号工应首先互相联系，并向绞车司机交代清楚施工任务，按规定速度运行。

（7）正常情况下，只准使用主信号系统。只有当主信号系统发生故障时，才准使用备用信号系统；同时应立即通知有关人员修复，修复后，立即恢复使用主信号系统。

（8）信号发出后，不得离开岗位，并密切监视提升容器及信号显示系统的运行情况，如发现运行与发出信号不符等异常现象，应立即发出停车信号，查明原因处理后，方可重新发送信号。

（9）发出开车信号后，一般不得随意废除本信号，特殊情况需要改变时，须先发送停车信号，再发送其他种类信号。

2. 交接班规定

（1）罐笼等提升容器在运行中，一律不准进行交接班，须待罐笼到位停稳，并打停点信号后才准交接。

（2）信号工应现场交接清楚以下内容：

① 主、备用信号及专用联络电话等通信信号是否完好；

② 其他有关设备、设施的完好状况；

③ 上班有关运行工作情况；

④ 当班有关注意事项。

（3）发现以下两种情况，交接班双方均不得私自交接，须立即汇报当班班长妥善解决后方准交接：

① 接班人有不正常精神状态；

② 交班人交代不清当班情况。

(4) 交接班双方均履行正规交接手续。

(5) 信号工接班后,应首先与提升机司机及其他信号工联系好,仔细检查、试验有关信号设备、设施是否正常,待一切安全可靠后,方可正式提升操作。

3. 信号发送

(1) 信号工上岗期间,应主动与把罐工(把钩工)密切配合,当把钩工向信号工发出信号指令后,信号工有责任监视乘人和装罐等情况,在确认一切正常后,方可发送信号。

(2) 信号工发出信号后,应不离信号工房(室),并密切监视提升容器、钩头及信号显示系统的运行情况,如发现运行与发送信号不符等异常现象,应立即发出停车信号,待查明原因处理后,方可重新发送信号。对事故隐患情况,还应立即上报有关领导查处。

(3) 信号工必须严格按照统一规定的信号种类、标志发送信号。严禁用口令、敲管子等非标准信号。

(4) 在井筒运送爆破材料时,信号工应严格按规定操作,必须事先通知提升机司机按相应的升降速度运行。严禁在交接班及人员上下井时间内发送运送爆破材料的信号。

(5) 多层罐笼或多水平提升时,井口上、下各层或各水平信号工,必须按下列程序操作：

① 各水平信号工直接向井口信号工发送信号；

② 井口总信号工在收齐各岗位信号工发来的信号后,方可向提升机房司机发送信号；

③ 井口总信号工收到任何不明信号,均不得发出开车信号,此时可用备用信号或专用通信设备联系判断,以准确无误地发送信号。

(6) 信号工发出开车信号后,一般不得随意废除本信号,特殊情况需要改变时,须先发送停车信号,再发送其他种类信号。

(7) 信号工上岗期间,严禁脱岗。

二、把钩工岗位安全技术操作规程

1. 一般规定

（1）把钩工必须经过专业安全技术培训，经考试合格后，持证上岗。

（2）提升信号、声光信号齐全，通信设备可靠。

（3）钩头 15 m 以内的钢丝绳不得有打结、压伤、死弯等安全隐患，如不符合提升要求，严禁提升。

（4）认真检查井巷内有无障碍或影响安全提升的安全隐患，以及有无其他工作人员工作，确认无误后，方可提升。

（5）认真检查设备、材料，必须捆绑固定牢靠，重心必须稳定。

（6）认真检查核对所挂车辆的重量和数量是否符合规定。

（7）运送超重、超高、超长、超宽设备、材料等时，应有专项提升措施，并经有关部门批准方可提升。

（8）斜井运送爆破材料应符合以下要求：

① 首先检查信号装置是否可靠，如信号不清晰或信号装置不完好、不可靠，严禁运送。

② 运输硝化甘油类炸药和电雷管必须装在专用的、带盖的车厢内。车厢内部铺有胶板或麻袋等软质垫层，并只准放一层爆炸材料，如检查不合格或不符合要求，拒绝运送。

③ 炸药和雷管必须分开运输，堆放高度不得超过矿车边缘。

④ 运输前必须通知提升机司机和各水平把钩工，注意车辆运行速度不得超过 1 m/s。

⑤ 运送爆破材料时，不得同时运送人员和其他设备材料或工具。

2. 摘挂钩操作程序

（1）把钩工在列车停稳后方可进行操作，严禁车未停稳摘挂钩。

（2）把钩工操作时的站立位置应符合以下要求：

① 严禁站在轨道中心，头部和身体严禁伸入两车之间进行操作，以防两车滑动碰伤身体。必须站立在轨道外侧，距外侧钢轨 200 mm 左右进行摘挂钩。

② 在单道操作时，应站在信号位置同一侧或巷道较宽一侧。

③ 在双道操作时,应站在双道之间进行摘挂钩,如果车场双道之间安全间隙达不到要求,应站在人行横道一侧进行摘挂钩。

④ 摘挂完毕需穿过串车时,必须从车辆运行上方行走,严禁从两车之间或车辆运行下方通行。

⑤ 把钩工摘挂钩时,如遇到摘不开或挂不上时,严禁蹬绳操作,必须采用专用工具操作,以防车辆移动使身体倾斜摔倒,造成事故。

⑥ 挂人车时,首先应检查人车各部位,特别是人车所带的防坠器、保险绳、连接装置应确认完好、灵活可靠;然后挂好钢丝绳进行试车。试车时除跟车工外,其他人员禁止乘车,确认安全可靠后,方可运送人员。

三、机修钳工岗位安全技术操作规程

(1) 认真贯彻执行安全生产方针、政策和上级的安全生产指令。

(2) 及时做好现场安全检查,包括:劳保防护用品的正确穿戴,各种安全票证的执行,高处作业安全带的及时悬挂,吊装索具的检查、正确捆绑,吊物下不许站人,用电作业绝缘的检查等,对检查存在的问题及时进行整改。

(3) 检修前及时与岗位人员联系,确保设备、管道内有害物已排放,相关安全措施已做好,检修中人员不违章、不违纪,做到"四不伤害"。

(4) 维护好班组的工具、设备,包括导链、钢丝绳、千斤顶、车床、砂轮机等。

(5) 设备检修严格遵守检修规范,确保检修质量。

(6) 严格按照各项规章制度,做好安全学习及责任区卫生打扫。

(7) 做好应急演练,熟悉救援、应急程序及撤离路线,做好消防设施的维护,熟悉灭火的方法等。

(8) 自觉落实企业文化理念及企业文化体系的相关要求,以及完成班组交办的其他工作。

(9) 按照精细化、标准化、规范化的"三化"管理要求开展各项安全管理工作。

四、锻工岗位安全技术操作规程

（1）工作前必须穿戴好劳保用品，否则不准上岗工作。

（2）工作前要认真检查设备的安全情况，检查设备各部件、工具、吊具、电器、安全防护装置和其他辅助用具是否齐全，是否符合安全要求。

（3）工作中思想要集中。多人操作的设备，必须有一人指挥，动作要协调一致。

（4）设备运转时，严禁调整、加油或擦拭。不准使用汽油清扫设备和地面。

（5）严格执行起吊规程和消防制度。不经批准，禁止开动与己无关的设备。严禁乱动车间内的危险标志，并不得违反标志上的规定。

（6）工作场所不准堆放杂物，或堆放与工作无关的物件。环境卫生要搞好，卫生区要打扫干净，工器具要保持清洁整齐，道路要保持畅通。

（7）工作后或离开机床前，必须关闭电源、气源、水源，并将手柄停至零位。搞好设备维护保养，清理现场，做好交接班。

（8）严格遵守安全守则和各工种安全操作规程总则。对违反者，人人有权制止。

（9）电锤、气锤等在维修或调整、清扫时，必须首先关闭电源或气阀，方可进行各项事宜。

（10）开始工作前，应检查所用的工具是否良好、齐备，气压是否符合规定。

（11）车间温度较低时，应预热锤头、锤杆、胎膜和工具，以防断裂。

（12）高温季节，应加强车间通风，采用相应的降温措施。

（13）锻件传送时，小件投掷要注意来往行人；较大锻件必须用吊钳夹牢，由吊车传送。

（14）工作中应经常检查设备和工具上受冲击力部分是否有损伤、松动和裂纹，如有应及时修理。

（15）手握锻打铁钳锻造工件时，注意不要将手指置于两钳把之间，亦不得将把对准自身或他人，而应置于身体的侧面，以免造成伤害。

锻打时,指挥人员的信号要明确。

(16) 不得锻打冷料或过烧的坯料,以防飞裂伤人。

(17) 不得用手或脚直接去清除砧面上的氧化皮。

(18) 车间内主要通道应保持畅通,不得将热锻件或工胎具放在通道上,锻件应堆放在指定的地方,且不宜堆放过高。锻造操作机运行及热件运送范围内严禁堆放物品或站人。

(19) 与当班生产无关的工具、毛坯、锻件和料头等,不要放在锤的近旁。

(20) 易燃易爆品不可放在加热炉或热件近旁。

(21) 作业结束时,必须将锤头滑放到固定位置,插好安全销。

(22) 工作后将工具、材料、锻件放在指定地点,搞好工作地点的清洁卫生。

(23) 交接班时,应交代设备运转情况、炉内烧料程度、工具有无损坏等事项。

五、机加工岗位安全技术操作规程

(1) 上岗前,必须穿好工作服,扣紧袖口,必须戴工作帽和护目镜,不准戴手套、围巾,毛衣必须穿在里面,以免被卷入机床旋转部分,发生事故。

(2) 未了解机床性能或未经工作安排,不得任意启动机床进行工作。

(3) 工作前必须先把刀具、工件夹得牢固可靠。

(4) 卡盘扳手和刀架扳手用完后必须取下,严禁带扳手运转车床。

(5) 不准把任何刀具、量具、工件及其他工具放在机床床面上或会运动的部分。

(6) 两人或两人以上同在一台机床上进行工作时,必须分工明确,彼此照顾。特别在开动机床时,开车者必须向他人声明开车。

(7) 开车前必须注意以下事项:

① 用手试动车头、刀架、工作台以及其他运转部分,检查在工作时是否会彼此碰撞,或受到阻碍。

② 检查各手把是否已放在一定位置。

③ 一切防护装置必须盖好、装牢。

④ 不准把刀具先切在工件上再开车。

⑤ 把开车前的一切准备工作做好后必须仔细检查一遍才能开车。

（8）开车后必须注意以下事项：

① 不要用手接触工件、刀具及机床其他运转部分，身体也不得靠在机床上。

② 不准用棉纱或其他东西擦拭机床和工件（必要时必须停车）。

③ 吃刀时必须缓慢小心，以免损坏刀具或机床。

④ 切削时头不要与工件太接近，不可正对切屑飞出方向来观察加工。

⑤ 机床运转时不可变换速度。

⑥ 切下的切屑（特别是带状切屑）不要用手去清除，以免割破手指。

⑦ 如遇刀具断裂，马达、机床发出不正常声音或漏电及操作发生故障时，立即停车并报告生产负责人，及时处理。

⑧ 机床开车后，电机不转，立即关闭机床电源，以免烧坏电机。

⑨ 工作时必须全神贯注，尤其在机床自动走刀时应特别注意，严禁不停车就离开工作地点。

⑩ 作业完毕后，必须整理好工具并把机床打扫干净，并对机床加油润滑。

六、木工岗位安全技术操作规程

（1）模板支撑不得使用腐朽、扭裂、劈裂的材料；顶撑垂直，底端平整坚实并加垫木；木楔要钉牢，并用横顺拉杆和剪刀撑拉牢。

（2）支撑应按序进行，模板没有固定前，不得进行下一道工序；禁止利用拉杆、支撑攀爬。

（3）支设独立梁模应设临时工作台，不得站在柱模上操作和在梁底模上行走。

（4）支设 4 m 以上的立柱模板，四周必须顶牢。操作时，要搭设工作台，不足 4 m 的可使用木凳操作。

（5）采用桁架支模应严格检查，发现严重变形、螺栓松动等应及时修复。

（6）拆除模板应经施工技术负责人同意；操作时应按顺序分段进行，严禁猛撬、硬砸或大面积撬落、拉倒；完工前不得留下松动和悬挂的模板；拆下的模板应及时运到指定的地点集中堆放整齐，并防止铁钉扎脚。

（7）拆除薄腹梁、吊车梁、桁架等预制构件模板时，应随拆随加顶撑支牢，防止构件倾倒。

（8）平刨机必须有安全防护装置，否则禁止使用。

（9）刨料时应保持身体稳定，双手操作；刨面时，手指不低于料高的一半，并不得少于 3 cm；禁止手在料后推送。

（10）过节疤、戗槎要减慢推料速度，禁止用手按在节疤上推料；刨旧料必须把铁钉、泥沙等清除干净。

（11）换刀片应切断电源或摘掉皮带。

（12）送料和接料不准戴手套，并应站在机床的一侧；刨削量每次不得超过 5 mm。

（13）圆盘锯操作前应进行检查，锯片不得有裂口，螺丝上紧。

（14）操作时要戴防护眼镜，站在锯片一侧，禁止站在与锯片同一直线上，手臂不得越过锯。

（15）各种木工机械一定要做传动部位防护、安装防护挡板，安装漏电保护器，做到"一机、一闸、一漏、一箱"。

（16）木工车间必须配备有效的灭火器材，设置安全警示标志和安全防火牌，禁止吸烟。

七、拌料工岗位安全技术操作规程

（1）工作前穿戴好安全防护用品，戴好防尘口罩，裤脚和袖口要扎紧，防止皮肤与水泥接触。

（2）搅拌作业场所，防尘通风必须良好。

（3）工作前应检查机械各部件、电气设备和传动系统是否良好，有无松动现象，检查自动配料、给水装置等是否灵敏。

（4）工作前机械要试运转 1～2 min，检查有无异常现象和杂音，确认无问题后再工作。

（5）搅拌机运行中，禁止用手和任何工具从搅拌机滚筒中向外扒取灰浆和混凝土。

（6）在连续工作的搅拌机漏槽上部应用保护网围好。

（7）电气设备要注意防水、防潮。推拉电门要戴干燥的手套，站在电门侧面推拉，不准将面部直对电门以防弧光烧伤。

（8）工作中遇到停电、停水和工作完毕后，必须切断电源，关好水门，清理好施工现场，认真执行交接班制度。做到安全卫生，文明施工。

八、仪器仪表维修、发放工岗位安全技术操作规程

1. 仪器仪表维修工岗位安全技术操作规程

（1）数字式万用表属于精密电子仪器，尽管它有比较完善的保护电路和较强的过载能力，但使用时仍应力求避免误操作。使用时应注意以下几个方面：

① 数字式万用表具有自动转换并显示极性功能，测量直流、电压时，表笔与被测电路并联，不必考虑正、负极性。

② 若无法估计被测电压大小，应选择最高量程测试一下，再根据情况选择合适的量程。若测量时显示屏只显示"1"，其他位消隐，则说明仪表已过载，应选择更高的量程。

③ 误用"ACV"挡测直流电压或用"DCV"挡测交流电压时，会显示"000"或在低位上显示出现跳数现象，后者是因外界干扰信号的输入引起的，属于正常现象。

④ 测量电流时，一定要注意将两表笔串接在被测电路的两端，不必考虑极性，因为数字式万用表可自动转换并显示电流极性。

⑤ 如果输入电流超过 200 mA，而万用表未设置"2 A"挡时，应将红表笔插入"10 A"或"20 A"插孔。该插孔一般未加保护电路，要求测量大电流的时间不得超过 10～15 s，以免分流电阻发热后阻值改变，影响测量的准确性。

⑥ 严禁在带电的情况下测量电阻，也不允许直接测量电池的内阻，因为这相当于给万用表加了一个输入电压，不仅使测量结果失去意义，而且容易损坏万用表。

⑦ 数字式万用表电阻挡所提供的测试电流较小，测二极管正向电

阻时要比用指针式万用表测得的值高出几倍,甚至几十倍,这是正常现象。此时可改用二极管挡测 PN 结的正向压降,以获得准确结果。

⑧ 用"200 MΩ"挡测量高阻值时,测量的结果应减去表笔短路时显示的数值。例如,表笔短路时,显示屏上会显示一位或两位数字,假设为 20 MΩ,当测高电阻时显示为 120 MΩ,则实际值为 120－20＝100(MΩ)。

⑨ 用"200 Ω"挡测量低阻值时,应先将两表笔短路,测出两表笔引线电阻(一般为 0.1～0.3 Ω),再把测量结果减去此值,才是实际值。对于 2 kΩ～20 MΩ 挡,表笔引线电阻可忽略不计。

⑩ 测量电容器时,必须先将被测电容器两引线短路以充分放电,否则电容器内储存的电荷会击穿表内 CMOS 双时基集成电路。此外,每次改变电容测量量程时,都要重新调零,质量较高的数字式万用表则会自动调零。

⑪ 若使用的数字式万用表无电容挡或电容挡损坏,可用电阻挡对电解电容器进行粗略检测。用红表笔接电解电容器正极,黑表笔接电解电容器负极,万用表将对电容器充电,正常时万用表显示的充电电压将从低值开始逐渐升高,直至显示溢出。如果充电开始即显示溢出"1",则说明电容器开路;如果始终显示为固定阻值或"000",则说明电容器漏电或短路。

⑫ 使用"二极管"挡测二极管时,数字式万用表显示的是所测二极管的压降。若正反向测量均显示"000",则说明二极管短路;若正向测量显示溢出"1",则说明二极管开路。

⑬ 当数字式万用表出现显示不准或显示值跳动异常的情况时,可先检查表内电池是否失效,若电池良好,则表示表内电路有故障。

(2) 使用检流计时应注意以下事项:

① 轻拿轻放,移动时应用止动器或用导线将活动部分接线柱两端短路。

② 使用时按工作布置安放好,避免受外界震动引起指针晃动。

③ 选配外接电阻时,应使检流计的工作状态处于微欠阻尼状态。

④ 测试时可串入兆欧级的保护电阻,起到并入分流器的作用。

⑤ 检流计和电源的接通次序是：先接通电源，后接通检流计。

（3）使用便携式直流电位差计时应注意以下事项：

① 将待测电压按极性接在未知接线柱上。

② 置倍率开关于需要位置，此时仪器电源已接通。

③ 调节调零旋钮，使检流计指零。

④ 使用前应先校正工作电流，将开关 K 拨到"标准"，调节电流调节旋钮，使检流计指零。

⑤ 测试前，先按初估被测电压数值设置好测量盘，然后将开关 K 拨向"未知"微动测量盘，使检流计再次指零。

⑥ 两个测量盘的数值与倍率开关数值的乘积就是被测电压的数值。

（4）使用试电笔前应在已知带电插孔上检查试电笔是否完好；测试时，手指应接触电笔上方的金属笔夹或铆钉，否则，即使电路带电，氖管也不会发光；在潮湿的地方验电或测高压时，应穿绝缘鞋。

（5）使用电烙铁时：

① 应根据焊接对象选择电烙铁。

② 不可用烙铁敲打焊件，以防损坏内部发热元件。

③ 烙铁外壳应当接地。

④ 焊接晶体管、集成模块、印刷线路等，烙铁不得太热。

⑤ 掌握测量误差的各种表示方法、仪表精度等级的概念及其表示方法。

⑥ 测氧气压力时，不得使用浸油垫片、有机化合物垫片；测量乙炔压力时，不得使用铜垫片。

2. 仪器仪表发放工岗位安全技术操作规程

（1）必须持证上岗。

（2）发放工负责仪器仪表收发及检查维护工作。

（3）对仪器仪表逐台建账，做好记录。

（4）接班时对仪器仪表的数量进行核对。

（5）必须对待发仪器进行检查，确保其灵敏可靠。

（6）收回的仪器要详细检查完好状态，对损坏的应及时修理，并做好记录。

（7）自救器称重、打压操作程序：检查电子秤、气密仪完好情况，并进行调试；检查自救器外观，去除表面污物；正常启动电子秤，将自救器放置在秤盘上进行称重；将自救器放入气密仪中，盖上封盖，进行气密试验。

（8）禁止发放不完好的仪器仪表。

（9）必须严格执行交接班制度。

九、充灯工岗位安全技术操作规程

1. 一般规定

（1）充灯工必须经过专业培训合格，持证上岗，工作认真负责，有良好的职业道德，对职工安全负责。

（2）工作人员必须戴橡胶手套，穿胶鞋、工作服。

（3）将被充矿灯的蓄灯池，按顺序放入灯架内，灯头按同一顺序插在充灯架的插头上，按顺时针旋转180°到固定位置；然后合上快速电机背后的切换开关。

（4）操作快速充灯机时，先把电流调节钮反时针调小；然后开始操作，按准备按钮，再按开机按钮，开起散热风扇；接着顺时针慢慢调整电流调节钮，使电压达到规定值（酸性灯为4 V），每隔1 h将快充机自动关机一次，按上述步骤重新操作，直到充够3 h为止；最后关机灯亮，先按准备按钮，再按停充按钮，使所有的指示灯熄灭，这时充电完毕。

（5）在充灯过程中，工作人员必须严格检查每盏矿灯的充电情况，杜绝假充、不充现象出现；达不到充电时间的，要另行充电。

（6）充新灯时，用4.2 A电流充电，达到16 h后，电流减半，再充4 h即为充电完毕。充电完毕后，必须做点灯试验，放电时间不得小于11 h，不足11 h的矿灯不予发放，且必须查明原因。

2. 日常知识

（1）在启用新矿灯时，应首先检查矿灯及充电装置零件是否有损坏和松动现象；检查新充电装置（充电架）的正负极接线是否正确，充灯架电压是否符合规定，指示器是否良好。

（2）对用后交回的矿灯应进行下列检查：

① 灯头圈、玻璃、灯线、开关、透气盖零件是否损坏。

② 充灯架指示器是否正常,整流装置是否良好。

③ 闭锁装置是否齐全可靠,防爆性能是否良好。

④ 短路保护是否使用。

3. 操作方法

(1) 充电前的准备:

① 开箱后应检查箱内的说明书与出厂合格证是否齐全,并检查零件有无损坏或松动现象。

② 调整硅(硒)整流器的调整手柄,使电压至最低点,随即推上硅(硒)整流器开关,指示灯亮;然后根据充电架上的号码,依次将矿灯上架,即把灯头充电插孔插到充电架上的充电插头上后,顺时针旋转180°,使充电回路接通,此时充电指示器的指针即有偏转,表示电流正在通过。

(2) 日常充电:

① 日常充电采用恒压并联充电法,在充电架上进行,充电电压应保持在 5 V±0.1 V。

② 矿灯交回灯房后,经检查整理对号上架,关闭灯头开关;将灯头插到充电插头上,顺时针旋转 180°,使电路接通,如充电指示器有指示,则表示充电正常。

③ 正常充电时间不得少于 12 h,充电后的充电电流应低于 0.1 A。

④ 搁置几天未用的矿灯,必须充电后方可使用。

(3) 交班时要把本班的充电情况、充电记录、"红灯"记录、工具等认真地交给下班。

十、水泵操作工岗位安全技术操作规程

1. 一般要求

(1) 司机必须经过培训并考试合格,取得合格证后,方可持证上岗操作。

(2) 司机必须熟练掌握排水设备的构造、性能、技术特征、工作原理,并做到会使用、会保养、会排除一般性故障。

(3) 严格遵守有关规章制度和劳动纪律,不得干与本职工作无关的事情。

2. 水泵启动前应进行的检查

(1) 各紧固螺栓无松动、紧固牢靠。

(2) 联轴器间隙 L 应符合规定($7\ mm \leqslant L \leqslant 12\ mm$),防护罩应固定可靠。

(3) 轴承润滑油油质合格,油量适当。

(4) 吸水管道应正常,吸水高度应符合规定(小于 $4.5\ m$)。

(5) 接地系统应符合《煤矿安全规程》相关规定。

(6) 电控设备各开关工作按钮应在停止位置。

(7) 定期给电动机润滑部位注油,保持润滑良好。

(8) 电源电压应在额定电压的 $\pm 5\%$ 范围内。

(9) 对检查发现的问题必须及时处理,不能及时处理的应向值班领导汇报;待处理完毕,一切符合要求后,方可操作该水泵。

(10) 各闸阀处于关闭状态,接口无渗漏。

(11) 人工手动盘动水泵,应灵敏无卡阻。

(12) 检查水泵冷却闸阀,应完好无滴漏。

3. 水泵启动前的准备工作

(1) $127\ V$ 综保开关送电,将防爆 UPS 电源的"进线""电池"旋钮打到"开"的位置,"进线"指示灯亮起以后,按下"启动"按钮,"旁路"指示灯亮起 $2\ s$ 后,指示灯切换到"逆变",PLC 防爆箱的进线电源得电。

(2) $660\ V$ 闸阀控制电源和 $6\ kV$ 水泵控制电源送电并合闸。

(3) 软启动器水泵控制箱 $127\ V$ 电源送电。将控制箱的"急停禁起"按钮旋起,并选择"集控"状态。

(4) 观察操作台指示灯面板和防爆液晶屏的画面有没有故障报警,$6\ kV$ 电源电压值是否在正常范围。

4. 多功能水泵控制阀的注意事项

(1) 如果水质不好,须定期清洗旁通管路的过滤器里的过滤网。过滤网一旦堵塞,上下腔不能进水,会导致阀门不能关闭或开启。

(2) 第一次使用或以后遇到空管现象,都需打开上下腔排气阀排气。因为有空气会影响阀门的开启或关闭。

(3) 阀门调试正常后,请勿随意转动旁通管上的控制阀。

5. 其他事项

(1) 排水泵出现下列情形之一时,应立即停机,必须先关闭水泵出水闸阀或确保出水闸阀处于关闭状态,以免水流冲击管路和泵体、闸阀,确保系统安全:

① 泵组振动异常或运转声音异常。

② 水泵不上水。

③ 泵体漏水或闸阀法兰间漏水。

④ 启动时间过长,电流异常。

⑤ 电动机出现冒烟、冒火等异常现象。

⑥ 电源突然断电。

⑦ 电机工作电流指示值明显超限。

⑧ 其他紧急情况。

(2) 紧急停机按以下程序进行:复位系统禁控状态,此时控制显示台上的"系统禁控"指示灯灭;然后按下该水泵停止按钮,系统控制该水泵运行高开器分闸,该水泵电动机停止运转。若电源突然断电停机后,应拉开电源隔离开关,关闭水泵出水闸阀;上报本单位值班人员,并做好相应记录。

(3) 同一软启动的水泵停机与再次启动时间间隔不得低于5 min。禁止通过软启动方式再次按下启动按钮对运行中的电动机进行启动,否则在特殊的情况下会造成系统事故、设备损坏。

十一、铲车司机岗位安全技术操作规程

1. 上岗条件及岗前准备

(1) 铲车司机必须经过培训,掌握设备性能、结构原理及有关安全规定,持证上岗。

(2) 铲车司机开车前必须发出开车信号,铲车运行过程中,严禁将头和身体探出车外,严禁在驾驶室外开车,严禁抓住操作手把进入驾驶室。

(3) 操作前必须检查铲车周围无人或无影响运行的障碍物。

(4) 检查铲车各部状态必须良好,符合运行要求。

(5)检查铲车断路器、照明开关、手动急停开关、液压操作手把必须灵敏可靠,处于中位或断开位置。

(6)检查铲车制动闸必须灵敏可靠。

2.操作程序

(1)将铲车断路器开关打至"闭合"位置,给铲车送电。

(2)进入驾驶室,将手动紧急开关打至"接通"位置。

(3)打开欲行驶方向车灯。

(4)操作主开关手把,选择行走方向,液压泵电机随即启动。

(5)操作铲斗控制杆、升起铲斗。

(6)缓慢移动导向控制手把,检查铲车导向是否正确。

(7)将制动闸踏板保持在压状态,手压警铃,发出开车信号。

(8)踩紧铲车制动闸踏板,操作推板控制手把,松开紧急制动闸。

(9)将控制器手把推至"一"位置,缓慢松开制动闸踏板,踏下速度开关踏板,使铲车启动。

3.安全规定

铲车运行过程中需改变行走方向时要松开速度开关踏板,踏下制动闸踏板,使铲车终止运行,将主开关手把打至反方向运行位置。

模块三 地面生产保障作业典型事故案例

🖐 学习目标

1. 了解地面生产保障作业典型事故案例。

2. 增强职工安全意识,提高安全操作技能,吸取事故教训,防止同类事故发生。

🖐 安全操作技能相关知识

案例一 手指成了"肉垫子"

1. 事件经过

2018 年 7 月 15 日早班 10:10 左右,班长高某带领陈某、陈某庆、赵某、张某挪移工具箱(工具箱内装有少量风水绳及其他小配件)。工具箱挪过后,位置需稍做调整(距离约 500 mm)。由于工具箱较重,技术人员田某过去帮忙,队长张某某在旁提醒"小心挤手碰脚"。高某和陈某庆抬较轻的一头,其他 4 人抬较重的一头,挪移到位后,工具箱下方刚拉过底,底板较软,工具箱腿下陷,工具箱下沿有一块底板矸块突出挤住赵某左手小指。随后,早班跟班队长刘某立即向调度室及队部林某汇报情况,并由技术员田某陪同职工赵某及时升井到矿医院检查清理伤口,并随后到上级医院就诊,经医院医生拍片诊断结果为:① 左手第 5 指骨末节骨质密度不均;② 左手第 5 指远侧软组织受伤。建议回矿医院进行处理伤口治疗。

2. 原因分析

(1) 责任人赵某,安全意识淡薄,自我防范意识差,挪移工具箱时手抬工具箱最底下边缘,是事故发生的直接原因。

(2)高某作为当班班长,安排工作安全注意事项不具体,挪移工具箱时安全危险预知防范不到位,没有制止赵某手托工具箱下沿行为,是事故发生的间接原因。

(3)当班跟班队长刘某作为当班安全生产第一责任人,对现场作业危险因素排查不认真、要求不到位,是导致事故发生的又一原因。

(4)技术人员田某现场监管不到位,未制止赵某的不安全行为,是导致事故发生的又一原因。

(5)队长张某某作为本队安全生产第一责任人,且当时在施工现场,对发现的不安全行为仅做出提醒,没有及时制止,是导致事故发生的又一原因。

3.防范措施

(1)抬运重物时,严禁施工人员手抬在重物下边缘,防止发生挤手。立即组织全队所有人员贯彻学习事故过程,汲取事故教训。

(2)协同作业时,施工人员做好相互提醒工作,及时制止同事的不安全行为。

(3)举一反三,全队进一步强调现场作业不安全因素排查,增强员工安全危险预知,提升职工安全意识,避免类似事故的发生。

(4)施工过程中,做好安全隐患排查,立即处理不安全因素,制止不安全行为。做好安全互保联保工作,加强员工安全意识,规范员工安全行为,切实做到安全生产。

案例二　踩空台阶

1.事件经过

2016年8月8日早班,葛某、刘某两人一起倒垃圾。葛某在澡堂二楼东楼梯口下楼梯时不小心踩空台阶,手按在楼梯地板砖上导致左手中指划破,伴有少量出血。刘某立即汇报给班长孙某和书记郑某,书记郑某向调度室、安检科进行了汇报,并带领葛某去矿医院进行了消毒和止血包扎处理,经观察,受伤的手指可以弯曲活动。下班后书记郑某安排刘某带领葛某到上级医院做进一步检查。

2. 原因分析

(1) 工作人员葛某在工作中,安全意识差,工作期间注意力不集中,未充分考虑楼梯高度,造成踏空摔倒,是事故发生的直接原因。

(2) 澡堂人员刘某,作为葛某的安全作业伙伴,未能及时提醒葛某,是导致事故发生的间接原因。

(3) 当班班长孙某作为现场安全生产第一责任人,未做到安全监督和安全提醒,是导致事故发生的间接原因。

(4) 书记郑某作为安全管理第一责任人,对职工安全教育不到位,未尽到自己的职责,是导致事故发生的又一间接原因。

3. 防范措施

(1) 要进一步加强员工的安全教育培训,提高员工的安全操作意识,对可能发生危险的不规范操作、不规范行为在源头上进行杜绝。

(2) 做好互保联保安全工作,班组长、安全伙伴及时关注并发现危险来源,提醒安全规范操作,消除隐患,避免受伤。

(3) 班前会要根据当班工作内容和性质,详细安排工作,责任到人,充分考虑作业期间可能出现的安全问题,安全危险预知要全面,防患于未然。

(4) 各单位应吸取本次事故教训,加强职工安全教育,提高安全防范意识,认真学习各岗位作业人员岗前危险预知,杜绝此类事故再次发生。

案例三　被弹起的铁盖板硌伤了

1. 事件经过

2016 年 6 月 8 日 18∶45 左右,在副井井口大罐到位进行装车,推车机往外推空车时,带动即将装罐的平板车撞击了前阻车器,由于震动较大将井口东侧的检修口铁盖板弹起,造成检修口铁盖板出槽不稳固,但是井口把钩工刘某没有觉察到该隐患。大约 18∶56,小罐到位,对好罐位后,刘某一脚从检修盖板中间踏过,因其重心踏在盖板中间并没有使盖板翘起,所以未引起刘某对检修盖板的注意。刘某把井下人员的班中餐放入罐笼后,返回时没有看脚下,只顾抬头看信号间,左脚踏在铁盖板一角边缘处,瞬间造成其单脚踏空陷入检修孔内,导致硌伤。

2. 原因分析

(1) 井口检修铁盖板未固定,因进车撞击震动导致盖板弹起脱槽,是事故发生的直接原因。

(2) 井口信号把钩工刘某对检修盖板弹起脱槽的隐患没有及时发现并处理,是事故发生的又一直接原因。

(3) 值班队干王某对当班安全工作安排布置不仔细,长期潜在的隐患没有排查到位,是发生事故的间接原因。

3. 防范措施

(1) 责任单位对井口检修盖板重新固定,确保盖板不能因震动自行弹出失稳。

(2) 各级管理人员要重新熟知《××煤矿生产安全事故管理及责任追究规定》的事故汇报要求及流程。

(3) 各单位职工要注意对周边安全环境观察,排查生产过程中潜在的安全隐患,并第一时间消除安全隐患,确保安全生产。

(4) 职工要做好在生产过程中的自保、互保联保工作。

案例四　左上臂被墙壁擦伤

1. 事件经过

2017 年 8 月 25 日早班,公司经理、支部书记陈某,副经理王某主持班前会,安排二楼职工澡堂上面的暖气管子除锈刷漆工作,并将相关安全注意事项进行了部署。当班班长赵某对安全生产注意事项也进行了相关强调。

上午 9:30 左右,当班班长赵某,职工刘某负责职工澡堂门口处吊顶上面的工作,将二层脚手架放在进门处玻璃墙南侧。9:40 刘某上去后用一块长 3 m、厚 50 mm、宽 300 mm 的木板搭架,暖气管子上面绑有一根 U 型绳,木板一头穿放在 U 型绳上,另一头放在脚手架上面。9:43 刘某站在上面操作,班长赵某在下面监护。约 9:45 暖气管子上面绑的 U 型绳断开,致使刘某滑落撞在墙壁上,造成左上臂擦伤。事故发生后,赵某随即向公司经理、支部书记陈某汇报;陈某接到汇报后向安检科刘某汇报,同时向调度室进行汇报;安检科值班副科长李某赶到现场查看情况,随后送刘某到矿医院进行治疗,经过诊治无大碍。

2. 原因分析

(1) 职工刘某安全意识淡薄,在工作前对暖气管道上原有的绳子检查不到位,没有认真核实绳子的强度。在架板上工作期间绳子突然断开,致使刘某从架板上滑落,是事故发生的直接原因。

(2) 当班班长赵某作为现场安全生产第一责任人,未起到现场安全监督和安全提醒作用,是导致事故发生的间接原因。

(3) 分管澡堂的副经理王某没有第一时间去现场指导,是事故发生的又一间接原因。

3. 防范措施

(1) 责任单位要进一步加强员工的安全教育培训,提高员工的安全操作意识,杜绝可能发生危险的不规范操作、不规范行为。

(2) 责任单位做好互保联保安全工作,班组长、安全伙伴及时发现危险来源,提醒安全规范操作,消除隐患,避免事故的发生。

(3) 班前会要根据当班工作内容和性质,详细安排工作,责任到人,充分考虑作业期间可能出现的安全问题,安全危险预知要全面,做到防患于未然。

(4) 要吸取本次事故教训,加强职工安全教育,提高安全防范意识,认真学习各岗位作业人员岗前危险预知,杜绝此类事故发生。

第三部分　其他管理作业

其他管理作业安全技术基础知识
其他管理作业安全操作技能
其他管理作业典型事故案例

模块一　其他管理作业安全技术基础知识

安全技术基础知识一　各岗位安全责任制

 学习目标

1. 掌握政工管理岗位安全责任制。
2. 掌握财务管理岗位安全责任制。
3. 掌握企业管理岗位安全责任制。
4. 掌握档案管理岗位安全责任制。
5. 掌握人力资源管理岗位安全责任制。
6. 掌握行政办公管理岗位安全责任制。
7. 掌握核算员岗位安全责任制。

 安全技术基础知识相关知识

一、政工管理岗位安全责任制

（1）认真贯彻执行党和国家的安全生产方针、政策，结合单位实际，研究起草党政工团建设、企业文化建设、组织人事管理、新闻宣传工作等方面的规划、方案和具体措施，满足安全生产工作要求。

（2）深入基层，调查了解各党支部贯彻执行党的安全生产方针、政策情况，检查、指导、督促各党支部开展安全思想教育工作。

（3）按照国家及上级部门相关干部培养、选拔、任用及考核办法，做好权限范围内各级领导干部考核、任免、配备等工作，以及加强后备干部队伍建设，认真做好优秀青年干部的培养、选拔、任用和日常管理工作,确保干部队伍精神旺盛,有效促进安全生产。

(4)及时掌握全矿干部职工安全思想动态,综合运用各种宣传工具、阵地、媒介,组织开展具有针对性的安全形势宣传教育,大力宣传国家劳动保护政策、法律、法规及企业规章制度,推广安全生产工作典型经验、做法,营造安全生产工作的良好舆论氛围。

(5)制定和实施青年安全生产工作计划、方案,监督团支部安全生产与职业病危害防治责任制的落实情况。

(6)积极参加单位组织的各类安全检查,参加重大安全生产责任事故的调查和追查处理工作。

二、财务管理岗位安全责任制

(1)认真贯彻执行党和国家的安全生产方针、政策,根据财务管理岗位特点,开展日常安全管理、安全培训工作,不断提高财务岗位人员业务素质,确保安全生产。

(2)按照国家规定,足额提取安全费用,做到专款专用,保证安全投入。

(3)负责本单位的财务管理、成本管理、预算管理等方面的工作。

(4)负责做好本单位各项资金和财产定额的核定和清查工作。

(5)负责向有关单位报告财务状况和经营成果,审查对外提供的会计资料。

(6)负责制定本单位财务管理规章制度,并贯彻执行,不断完善健全会计核算体系与内部会计控制体系,提高财务会计工作质量。

(7)负责财务制度执行情况定期检查总结,制止和纠正违反法律法规制度的情况。

(8)做好会计档案资料的保管保存、防火防盗及保密工作。

三、企业管理岗位安全责任制

(1)认真贯彻执行国家法律法规政策和上级有关规定,严格按照国家法律法规政策,制定和实施本单位经营管理方面的各项规章制度。

(2)负责开展单位内部经营管理工作,构建内部经营管理体系,确保本部门各项经营管理工作统筹协调运行。

(3)负责搜集、整理、汇编、装订各类统计资料,准确、及时地编制、上报有关统计报表,充分发挥统计业务在安全生产经营工作中的信息咨询和监督的职能作用,并按照内部经营管理工作需要形成分析或报告,为单位领导决策及时准确地提供经营信息资料。

(4)负责本部门廉政建设及教育,构建廉政预防及惩治机制,不断提高企业管理岗位人员的政治素质,提高管理水平和工作效率。

(5)负责本单位相关生产经营计划的管理,深入现场调查研究,了解施工动态,严格落实国家及行业产能管理要求,保证计划的真实性、全面性、完整性和时效性,做好计划的监督执行考核工作。

(6)负责本单位对外经济的招(议)标工作,严格按照招(议)标程序进行招(议)标、资料整理和台账建立等工作,优先确保安全投入需要。

(7)负责本单位生产经营过程成本预算编制、过程管理与控制、效益核算及成本绩效考核等工作。

(8)负责单位安全费用提取标准的申报工作,做好安全费用计划的编制、报批、下发工作。

(9)负责分管工程预决算和其他基本建设费用编审有关的各项工作,严把工程验收关、审核关,做到以定额为标准,以事实为依据,公正合理地做好工程预决算。

四、档案管理岗位安全责任制

(1)负责认真贯彻执行党和国家有关档案工作的方针政策和法律、法规及上级部门档案管理规定,做好防火、防潮、防高温、防盗等工作,做到无霉烂、无腐蚀、无虫蛀、无鼠咬、不丢失,防止差错导致的事故发生,确保档案的完整与安全。

(2)做好文件的立卷和保管,按期收集、分类、立卷和归档。

(3)严格执行档案的使用、借阅制度,严禁无关人员进入档案室随意翻阅,严格检查外来人员的进入,离开时要关好门窗,锁好门,做好档案的安全保护工作。

(4)定期检查档案室电线、电气设备是否符合安全要求,电源线路布局是否符合安装规定,照明灯具与档案、资料等可燃物品的距离保持在规定范围内,发现问题及时整改。

（5）禁止在档案室内吸烟、玩火、追逐打闹、长时间逗留或将易燃易爆物品带入；停电时，禁止用明火照明。

（6）定期检查消防器材是否完好，并正确掌握使用方法，防止雨水及潮湿空气通过墙身、门窗、屋顶等部位渗入，发现受潮档案及时采取除湿措施，保护档案。

（7）加强自身学习，提高档案管理业务技能，确保档案的完整与安全，做好档案的修复、备份、保护等安全防范工作。

五、人力资源管理岗位安全责任制

（1）认真贯彻执行党和国家安全生产方针、政策、法律、法规、规章、规程和煤矿有关安全生产制度。牢固树立"安全第一，预防为主，综合治理"思想，履行安全生产与职业病危害防治的职责。

（2）负责本单位薪酬管理工作。严格执行和落实薪酬管理各项制度，做好本单位薪酬核算、监督管理工作。

（3）负责本单位人力资源信息系统信息维护、完善工作，确保信息正确，无遗漏，无泄露。

（4）负责本单位员工招聘工作。严格按照上级部门规定的招聘条件，实施本单位招聘工作，为单位提供符合安全生产要求的人力资源。

（5）负责办理劳动合同签订和解除工作，做好新招聘、新调入人员的手续办理和离职人员的手续办理工作，负责全矿劳动合同管理，做好劳动合同台账的建立等。

（6）负责本单位人事档案的管理工作。做好档案室的日常管理，档案资料的接收、新建、转移、信息更新及保管等工作。

（7）正确贯彻执行上级机关颁发的劳动定额标准和劳动定额管理制度，负责本单位劳动定额的拟定，计件工资单价测算，以及劳动定额报表的统计，各种定额资料的收集、分析、整理工作。

（8）按照国家相关规定以及井下生产条件变化，及时申报并修订矿井井下定员人数，制定相关制度，参与监督执行。

（9）负责本单位各项社会保险基数的核定、上报和征缴工作，做好各种报表统计报送，保险手续转移，职工医疗费的报销工作。

（10）按照国家规定和煤矿实际情况，负责制定劳保用品发放标准,并及时上报劳保用品需求计划和按照规定发放劳动防护用品。

六、行政办公管理岗位安全责任制

(1)按照党和国家政策的有关规定,认真、积极做好对外接待、事务处理、档案管理、车辆管理、信访接待工作,及时化解矛盾、协调关系,确保政务畅通。

(2)深入基层调查研究,搞好信息的收集、分析、综合反馈,当好领导的参谋。

(3)牢固树立"安全第一"思想,加强业务保安全工作。努力学习业务知识,不断提高理论水平和业务工作能力。

(4)根据领导安排,按时参加会议,做好有关会议的筹备、会议期间的组织协调,会议决议的督办和信息反馈,确保工作决策的贯彻落实。

(5)按照领导指示,及时保质保量地完成文件的起草、审核、印制、发放。

(6)按照《档案法》和档案管理标准要求,及时做好文书材料的收集、归档、保管、利用工作。搞好电文、报纸杂志、信函的收发传递,不积压、不丢失。

(7)严格保管和正确使用行政公章和法人代表印鉴,严格加强介绍信、证明信的管理使用。

(8)做好全矿服务车辆的调度、使用和管理工作,严格执行服务车辆使用管理规定,加强驾驶人员的安全教育和服务意识教育,做到准时出车,安全、文明行车。

(9)按规定参加各种安全检查活动,履行法律法规规定的其他安全生产与职业病危害防治职责,完成领导交办的其他工作。

七、核算员岗位安全责任制

(1)在人力资源部门指导下规范本部门考勤管理制度,严格执行工资、津贴、补贴、福利的支付标准,不准随意扩大或缩小范围,不准擅自提高或降低标准,做到精确、合理发放并及时公示。

(2)遵守劳动纪律,树立良好的职业道德,廉洁自律、热情待人,及时向人力资源部门反映有关工资、津贴方面来信、来访情况。

（3）每月将单位在册人数，主动与人力资源部门进行核对，确认无误后方可计算薪资，并认真检查、分析、正确计算，防止出错。

（4）积累并保管好工资、奖金方面的有关支付数据、资料，人力资源管理工作达到规范化要求。

（5）不断提高思想觉悟和业务水平，并协助单位领导搞好内部计分及日常性事务工作。

（6）熟知煤与瓦斯突出防治知识和职业危害防治知识，配备并使用好劳动防护用品，做好职业危害防治工作。

安全技术基础知识二　各岗位安全风险及控制

 学习目标

1. 掌握政工管理岗位安全风险及控制。
2. 掌握财务管理岗位安全风险及控制。
3. 掌握企业管理岗位安全风险及控制。
4. 掌握档案管理岗位安全风险及控制。
5. 掌握人力资源管理岗位安全风险及控制。
6. 掌握行政办公管理岗位安全风险及控制。
7. 掌握核算员岗位安全风险及控制。

 安全技术基础知识相关知识

一、政工管理岗位安全风险及控制

1. 岗位风险

（1）未贯彻落实党和国家的安全生产方针、政策以及煤矿安全生产法律、法规。

（2）未做好党员及干部职工的法律、法规教育。

（3）未及时督导相关部门落实安全文化建设。

（4）未做好员工劳动保护、职业病防治及作业条件改善等监督工作。

（5）未做好民主管理和矿务公开工作。

（6）未做好员工思想宣传教育和党务建设工作。

（7）舆论导向把握不正确，宣传工作滞后。

2.预防措施

（1）认真贯彻落实煤矿安全生产法律、法规及有关规定。

（2）加强对党员、管理人员的法律、法规教育，使之自觉遵守规章制度，杜绝违章指挥，成为安全生产的带头人。

（3）及时督导相关部门落实安全文化建设，用文化管理的思想提升安全管理水平。

（4）做好员工劳动防护、职业病防治、作业条件改善等监督工作。

（5）做好民主管理和矿务公开工作。

（6）抓好员工的思想宣传教育和党务建设工作。

（7）学习掌握党和国家的安全生产方针、政策，把握好舆论导向，及时宣传。

二、财务管理岗位安全风险及控制

1.岗位风险

（1）未执行或未严格执行国家、行业、单位的财务管理法律、法规、制度等。

（2）未对会计业务进行检查及指导或检查及指导不严格。

（3）未对资金支付、会计凭证、应付款项等进行审核或审核不严格。

（4）未按审核无误的原始凭证填制记账凭证或未按审核无误的往来款项支付资金和收取资金。

（5）未对会计档案按规定保管。

（6）未对单位资产定期或不定期组织清查盘点。

（7）未按审核无误的会计凭证收取或支付货币资金。

（8）收取的货币资金未能及时交存银行。

（9）不及时和银行核对存款余额。

（10）对各类票据和有价证券保管不严。

2.预防措施

（1）严格执行国家、行业、单位的财务管理法律、法规、制度等。

（2）严格对会计业务进行检查及指导。

（3）严格对资金支付、会计凭证、应付款项等进行审核。

（4）按审核无误的原始凭证填制记账凭证及按审核无误的往来款项支付资金和收取资金。

（5）对会计档案按规定进行保管。

（6）对单位资产定期或不定期组织清查盘点。

（7）按审核无误的会计凭证收取或支付货币资金。

（8）将收取的货币资金及时交存银行。

（9）及时和银行核对存款余额。

（10）按规定保管好各类票据和有价证券。

三、企业管理岗位安全风险及控制

1. 岗位风险

（1）未认真贯彻、落实相关法律和规章制度。

（2）未严格管理本单位经营管理过程中的机密信息、数据或资料。

（3）未及时按规定做好预算编审工作。

（4）未及时组织编制发展战略规划，参与规划执行监督、检查。

（5）未及时与合同相对方沟通合同条款。

（6）未按照相关部门及会签修改意见进行合同修改。

（7）未及时按规定做好合同归档工作。

2. 预防措施

（1）认真贯彻、落实相关制度、规定，避免未遵守规章制度造成管理上的风险漏洞。

（2）严格管理并控制本单位经营管理过程中的机密信息、数据及资料。

（3）及时按规定做好预算编审工作。

（4）及时组织编制发展战略规划，参与规划执行监督、检查。

（5）及时与合同相对方沟通合同条款。

（6）严格按照相关部门及会签修改意见进行合同修改。

（7）及时准确地按规定做好合同归档工作。

四、档案管理岗位安全风险及控制

1. 岗位风险

(1) 档案室门窗受损、空气潮湿、设备受损、出现明火等情况。

(2) 损坏、丢失、涂改、假造档案资料。

(3) 未执行保密制度，倒卖档案资料或档案内容。

(4) 未做档案资料安全保管工作。

(5) 档案室消防器材失效，不会正确使用。

2. 预防措施

(1) 及时更换档案室受损门窗、加强通风、保持干燥、维修设备、杜绝明火。

(2) 加强档案管理人员法规教育和风险防范教育。

(3) 严格执行档案人员岗位责任制。

(4) 定期、不定期开展档案工作自查和检查，及时消除隐患。

(5) 提升自身安全生产工作素质，及时更换消防器材。

五、人力资源管理岗位安全风险及控制

1. 岗位风险

(1) 未严格审查各类工资、奖金分配方案。

(2) 未严格核对新进员工信息的真实性和准确性。

(3) 未严格审核单位工资发放和各项社保缴纳情况。

(4) 未对劳动定额定员管理工作严格把关。

(5) 未做好工伤人员的待遇支付工作。

(6) 未按时、准确地做好职工的薪酬发放，上报各类薪酬报表以及未及时将薪酬资料进行存档。

(7) 调入、调出、辞职等员工的变动手续不完备。

(8) 未及时或未按标准发放劳保用品并做好劳保台账。

(9) 未按照规定保管好人事档案。

(10) 未严格审核社保缴纳金额及社保基数。

2. 预防措施

(1) 严格审查各类工资、奖金的分配方案。

(2) 严格核对新进员工信息的真实性和准确性。

（3）严格审核单位工资发放情况和各项社保缴纳情况。

（4）深入现场调查研究，做好劳动定额定员管理工作。

（5）及时做好工伤人员的待遇支付工作。

（6）严格执行上级部门薪酬相关规定，做好薪酬发放工作，及时按规定上报各类薪酬报表，做好薪酬资料存档工作。

（7）严格执行上级部门员工流动的相关规定。

（8）及时按照标准发放劳保用品并做好劳保台账。

（9）严格按照规定保管好人事档案。

（10）严格审核社保缴纳金额及确定社保基数。

六、行政办公管理岗位安全风险及控制

1. 岗位风险

（1）未严格审核处理各类安全生产方面的文件。

（2）未及时督办安全生产方面的各项工作。

（3）未做好安全生产信息的传达、保密工作。

（4）未及时转办上级部门各类安全生产方面的文件。

（5）未做好安全办公会议方面的组织协调工作。

（6）未做好行政车辆调度管理。

（7）未做好库房消防安全管理。

（8）未参加各类安全培训。

（9）未及时起草撰写安全生产方面的文件材料。

（10）未及时上报事故调查报告。

2. 预防措施

（1）严格审核处理各类安全生产方面的文件。

（2）认真督办安全生产方面的各项工作。

（3）及时传达安全生产信息，做好重要信息保密。

（4）及时转办上级部门各类安全生产方面的文件，并督办落实。

（5）认真做好安全办公会议的组织协调工作。

（6）做好行政车辆调度管理，确保车辆安全高效运行。

（7）做好库房消防安全管理，做好防火、防盗工作。

（8）积极参加各类安全培训。

(9) 及时起草撰写安全生产方面的文件材料。

(10) 及时上报事故调查报告。

七、核算员岗位安全风险及控制

1. 岗位风险

(1) 未严格做好员工出勤考核工作。

(2) 未严格对薪酬报表进行审核，出现错误。

(3) 薪酬分配未公示，申报不及时、不准确，奖金分配不合理，未让员工签字确认。

(4) 未及时召开绩效考评会，会议内容不公示。

(5) 业务素质不高，造成绩效考核工作延误、不准确。

2. 预防措施

(1) 严格做好员工出勤考核工作。

(2) 严格审核薪酬报表，确认无误。

(3) 及时准确申报薪酬报表，奖金合理分配，及时公示，并有员工本人签字。

(4) 及时开展绩效考评会并公示。

(5) 加强学习，提高自身业务素质。

安全技术基础知识三
各岗位事故隐患排查及治理

学习目标

1. 掌握政工管理岗位事故隐患排查及治理。

2. 掌握财务管理岗位事故隐患排查及治理。

3. 掌握企业管理岗位事故隐患排查及治理。

4. 掌握档案管理岗位事故隐患排查及治理。

5. 掌握人力资源管理岗位事故隐患排查及治理。

6. 掌握行政办公管理岗位事故隐患排查及治理。

7. 掌握核算员岗位事故隐患排查及治理。

安全技术基础知识相关知识

一、政工管理岗位事故隐患排查及治理

1.隐患内容

（1）对现场拍摄环境不熟悉，拍摄时易发生站位不合理导致的伤人事件。

（2）未编制安全技术措施，携带摄影器材入井。

（3）高空拍摄未按要求系保险带。

2.隐患治理

（1）摄影器材的使用，必须由专人负责，两人一组，一人负责拍摄，一人负责安全监护；拍摄时要确认现场环境，确保站位合理后再进行拍摄操作。

（2）需要进行入井拍摄作业，应提前编制安全技术措施，并严格按照安全技术措施执行。

（3）高空拍摄时要系好保险带及做好其他高空防护措施，无防护措施或防护措施不到位不得进行拍摄操作。

二、财务管理岗位事故隐患排查及治理

1.隐患内容

（1）不按合同及预算拨款，优先安排与已有利益关系的单位拨款，预算编制不透明，未经领导审阅。

（2）未经允许，擅自挪动、挤占项目资金，资金支付手续不完备，不按程序付款。

（3）大额资金付款未执行联签制度，造成经济损失。

（4）财务报表数据不真实，不经领导批准随意更改核算数据。

（5）保管现金及有价证券造成损失，保密工作不完善。

2.隐患治理

（1）实行责任追究制，资金预算必须经单位领导审阅后方可上报，严禁私自增减资金预算。

（2）资金拨付必须严格按照预算进行，集中支付款项必须严格执行支付程序后支付。

（3）严格执行大额资金拨付联签制度。

（4）严格执行月、季、年财务决算报表数据填报制度,保证数据真实性。

（5）妥善保管好库存的现金和各种有价证券,对保险柜密码必须保密,库存现金不能超过核定的限额。

三、企业管理岗位事故隐患排查及治理

1. 隐患内容

（1）生产经营信息统计项目缺失、数据错误,导致决策失误。

（2）生产经营信息管理不严谨,泄露信息或数据。

（3）经营预算编制不符合实际情况,未起到约束激励作用。

（4）经济合同编制不认真、不严谨,存在违反法律法规及有损企业经济利益的其他情形。

（5）工程预决算未严格按照标准定额执行,验收把关不严,损害企业经济利益。

2. 隐患治理

（1）严格按照国家法律、行业及上级规定,规范统计方法,精确统计生产经营数据。

（2）严格管理并控制生产经营信息、数据及其资料,建立预防机制,防止出现泄密事件。

（3）根据实际生产经营需求编制经营预算,不得随意扩大或缩小预算;预算一经审定应严格执行。

（4）严格按照法律法规及上级规定,编制经济合同,维护企业经济利益。

（5）严格按照国家定额标准对工程进行预决算,严格对竣工工程进行验收。

四、档案管理岗位事故隐患排查及治理

1. 隐患内容

（1）档案尘土覆盖。

（2）档案室着火。

（3）档案返潮。

（4）档案被高温损坏。

（5）档案被强光照射损坏。

（6）档案被虫蛀。

（7）档案腐烂。

（8）档案被盗。

2. 隐患治理

（1）坚持经常性的除尘，定期擦拭档案室地板，保持档案橱、档案自身的干净清洁，适时开启、关闭档案室门窗。

（2）档案室门口挂"严禁烟火"警示牌，灭火器定点放置，定期检查，适时更换。严禁无关人员进入档案室，确需进入档案室的人员严禁携带烟火、易燃易爆物品；离开档案室时应切断电源。

（3）档案室内应放置温度计、湿度计，温度过高，湿度较大时采取措施降低温度和湿度，保持通风、干燥。

（4）提防高温天气，关注档案室温度的变化情况，当档案室温度过高时采取排气、抽风、通风或启动空调机进行降温，将室内温度控制在标准范围内。

（5）档案室门窗应装上防光布帘，防止阳光直射档案；严禁档案纸张材料在太阳下暴晒。

（6）档案室内严禁存放杂物；定期施放杀虫驱虫药物，过期及时更换。一旦发现虫害档案，立即采取措施扑灭虫害，防止虫害档案的蔓延。

（7）档案室内应经常进行抽风、通风，保持室内空气清新，保持档案室内清洁；严禁有害气体、物品进入档案室，净化档案室周围环境。

（8）档案室应安装防盗门、监控、报警装置，加强档案排查力度和排查频次，保证档案不缺、不漏、不丢失；发现档案盗窃案件及时向上级部门反映并报警。

五、人力资源管理岗位事故隐患排查及治理

1. 隐患内容

（1）人才招聘时未严格执行甄选程序，招聘了不符合企业要求或不能胜任工作的员工。

（2）未按照法律规定对员工进行入职前、在岗期间以及离岗前的体检工作。

（3）人力资源信息系统的信息维护不及时，人力资源管理信息保管不严谨，导致信息错误或信息泄露。

（4）人事档案资料及档案室管理不善，易造成资料丢失或资料存储混乱。

（5）未严格按照法定程序制定、修改或者决定有关涉及劳动者切身利益的规章制度。

（6）未严格按照国家法律规定标准发放劳保用品，未及时建立劳保用品发放台账或台账信息不准确。

2.隐患治理

（1）严格审查应聘者的身份证明及职业经历，认真做好应聘者测评工作。

（2）严格按照法律规定对新入职员工入职前，在职人员在岗期间以及离岗前进行体检。

（3）及时根据实际情况维护人力资源信息系统，严格管理人力资源信息，防止出现错误信息进入系统以及泄露人力资源信息。

（4）严格按照法律规定保管人事档案，规范档案流转变动程序，做好档案室防火、防潮、防盗、防泄密等工作。

（5）严格按照法定程序制定、修改或决定有关涉及劳动者切身利益的规章制度。

（6）严格按照国家法律规定标准发放劳保用品，及时准确建立劳保用品发放台账。

六、行政办公管理岗位事故隐患排查及治理

1.隐患内容

（1）行政车辆驾驶员无驾驶证或岗证不符。

（2）外来人员随意进入单位。

（3）文件上行下达混乱。

（4）招待费用不合规，超出标准，饭菜不卫生。

（5）办公区域卫生杂乱无章，有淤泥、淤水等现象。

（6）办公区域消防通道不畅，消防器材过期。

2. 隐患治理

（1）规定录用标准，及时排查驾驶证件，保证岗证匹配。

（2）外来人员进入单位做好姓名、身份证、进入事由等相关登记并核实进入单位原因。

（3）规范文件管理、归纳、收集、保存、发布，做好文件上行下达。

（4）严格按照国家和公司文件，合理使用招待费用，严把食品质量安全关口。

（5）保持办公区域清洁卫生，防止滋生细菌、发生滑倒等情况造成的工伤事故。

（6）消防通道严禁堵塞，定期排查消防器材。

七、核算员岗位事故隐患排查及治理

1. 隐患内容

（1）未严格遵守国家、地方政府制定的安全生产法律法规。

（2）未严格按照单位制度标准计算、发放薪酬。

（3）未严格执行绩效考核管理制度。

（4）未及时配齐本部门职工劳保用品。

（5）未参加安全生产教育培训。

2. 隐患治理

（1）严格遵守国家、地方政府制定的安全生产法律法规。

（2）严格按照单位制度标准计算、发放薪酬。

（3）严格执行单位绩效考核制度。

（4）及时、足额配齐本部门职工劳保用品。

（5）积极参加各类相关安全生产教育培训，提升自身安全素质。

安全技术基础知识四
《煤矿安全规程》及安全生产标准化的相关规定

学习目标

1. 熟悉《煤矿安全规程》相关规定。

2. 熟悉安全生产标准化相关规定。

安全技术基础知识相关知识

一、《煤矿安全规程》关于煤矿其他管理作业人员作业的相关规定

《煤矿安全规程》规定煤矿企业在生产建设过程中,必须消除危险并且保证职工人身不受伤害,预防事故发生,确保生产正常进行。

(1) 从事煤炭生产与煤矿建设的企业(以下统称煤矿企业)必须遵守国家有关安全生产的法律、法规、规章、规程、标准和技术规范。

煤矿企业必须加强安全生产管理,建立健全各级负责人、各部门、各岗位安全生产与职业病危害防治责任制。

煤矿企业必须建立健全安全生产与职业病危害防治目标管理投入、奖惩、技术措施审批、培训、办公会议制度,安全检查制度,安全风险分级管控工作制度,事故隐患排查、治理、报告制度,事故报告与责任追究制度等。

煤矿企业必须制定重要设备材料的查验制度,做好检查验收和记录,防爆、阻燃抗静电、保护等安全性能不合格的不得入井使用。

煤矿企业必须建立各种设备、设施检查维修制度,定期进行检查维修,并做好记录。

煤矿企业必须制定本单位的作业规程和操作规程。

(2) 煤矿安全生产与职业病危害防治工作必须实行群众监督。煤矿企业必须支持群众组织的监督活动,发挥群众的监督作用。

(3) 从业人员有权制止违章作业,拒绝违章指挥;当工作地点出现险情时,有权立即停止作业,撤到安全地点;险情没有得到处理,不能保证人身安全时,有权拒绝作业。

(4) 从业人员必须遵守煤矿安全生产规章制度、作业规程和操作规程,严禁违章指挥、违章作业。

(5) 煤矿企业必须对从业人员进行安全教育和培训。培训不合格的,不得上岗作业。

主要负责人和安全生产管理人员必须具备煤矿安全生产知识和管理能力,并经考核合格。特种作业人员必须按国家有关规定培训,取得资格证书后,方可上岗作业。

矿长必须具备安全专业知识,具有组织、领导安全生产和处理煤矿事故的能力。

(6)煤矿使用的纳入安全标志管理的产品,必须取得煤矿矿用产品安全标志。未取得煤矿矿用产品安全标志的,不得使用。

试验涉及安全生产的新技术、新工艺必须经过论证并制定安全措施;新设备、新材料必须经过安全性能检验,取得产品工业性试验安全标志。

严禁使用国家明令禁止使用或淘汰的,危及生产安全和可能产生职业病危害的技术、工艺、材料和设备。

积极推广自动化、智能化开采,减少井下作业人数。

(7)煤矿企业在编制生产建设长远发展规划和年度生产建设计划时,必须编制安全技术与职业病危害防治发展规划和安全技术措施计划。安全技术措施与职业病危害防治所需费用、材料和设备等必须列入企业财务、供应计划。

煤炭生产与煤矿建设的安全投入和职业病危害防治费用提取、使用必须符合国家有关规定。

(8)入井(场)人员必须戴安全帽等个体防护用品,穿带有反光标识的工作服。入井(场)前严禁饮酒。

煤矿企业必须建立入井检身制度和出入井人员清点制度;必须掌握井下人员数量、位置等实时信息。

入井人员必须随身携带自救器、标识卡和矿灯,严禁携带烟草和点火物品,严禁穿化纤衣服。

二、安全生产标准化中对煤矿其他管理作业人员作业的相关规定

(一)地面办公场所

(1)办公室配备应满足工作需要,办公设施应齐全、完好。

(2)应配备会议室,设施应齐全、完好。

(二)工业广场

1. 工业广场设计

(1)工业广场设计应符合规定要求,布局合理,工作区与生活区应分区设置。

（2）物料分类码放整齐。

（3）煤仓及储煤场的储煤能力应满足煤矿生产能力要求。

（4）停车场规划合理、划线分区，车辆按规定停放整齐，照明符合要求。

2. 工业道路

工业道路应符合《厂矿道路设计规范》的要求，道路布局合理，并做硬化处理。

3. 环境卫生

（1）依条件实施绿化。

（2）厕所规模和数量适当、位置合理，设施完好有效，符合相应的卫生标准。

（3）每天对储煤场、场内运煤道路进行整理、清洁，洒水降尘。

（三）地面设备材料库

（1）仓储配套设备设施齐全、完好。

（2）不同性能的材料分区或专库存放并采取相应的防护措施。

（3）货架布局合理，实行定置管理。

安全技术基础知识五　地面安全基本知识

学习目标

1. 掌握地面安全用电相关规定。

2. 掌握防灭火知识。

3. 掌握火灾逃生知识。

4. 掌握食物防中毒知识。

安全技术基础知识相关知识

一、地面安全用电相关规定

1. 电气作业

（1）作业人员不得穿戴潮湿的劳动保护用品，正确使用绝缘用具。

(2) 电源线、插座、插头无破损。

(3) 检修时应在相应开关处悬挂"有人作业,禁止合闸"警示牌,禁止带电作业。

(4) 临时电缆(线)有防护措施,不得妨碍通行,有防止踩压措施,有可靠的接地。

2. 机电设备

(1) 用电设备设施有可靠的接地,有明显的连接点。

(2) 各种限位开关、仪表灵敏可靠,无裸露接头。

(3) 设备自身配电箱内清洁、无油污。

(4) 各种开关齐全、灵敏可靠,有急停开关。

(5) 电焊机一、二次接线柱有防护罩,电源线绝缘良好。

(6) 焊接变压器一、二次线圈间,绕组与外壳间的绝缘电阻不少于1兆欧。每半年至少应对焊机绝缘电阻遥测一次,记录齐全。

(7) 电焊机应单独设开关,电焊机外壳应做接地保护。电焊机两侧接线必须牢固可靠,并有可靠的防护罩。

(8) 电焊把线应双线到位,不得借用金属管道、金属脚手架、结构钢筋等做回路地线。电焊线路应绝缘良好,无破损、裸露。电焊机应采取防埋、防浸、防雨、防砸措施。

3. 配电室

(1) 用电设备和电气线路的周围应留有足够的安全通道和工作空间。电气装置附近不应堆放易燃、易爆和腐蚀性物品。

(2) 配电柜运行指示灯是否正常,低压配电电器操作机构应有"分""合"标志。

(3) 定期对电气设备、电工工具、器具进行安全检验或试验。电力安全用具应负责妥善保管,防止受潮、暴晒,防止脏污和损坏。保持电气设备性能完好,清洁无尘;工具应齐全、整洁,摆放整齐。

(4) 室内应张贴操作规程和相关的管理制度。

(5) 配备消防器材,灭火器的种类为磷酸铵盐干粉灭火器、碳酸氢钠干粉灭火器、卤代烷灭火器或二氧化碳灭火器,但不得选用装有金属喇叭喷筒的二氧化碳灭火器。

（6）电缆沟、进护套管应有防止小动物进入和防水措施。

（7）检查站场有无临时性用电线路，是否已采取保护措施。

（8）配电室至少有 2 名持证操作人员，且必须有特种作业操作证件。

4．配电箱（柜）

（1）配电柜应设电源隔离开关及短路、过载、漏电保护电器；配电系统应设置电柜或总配电箱、分配电箱、开关箱，实行三级配电，逐级漏电保护；设备专用箱做到"一机、一闸、一箱、一漏"，严禁一闸多机。

（2）配电柜应编号，并应有用途标记，动力配电箱与照明配电箱宜分别设置。配电箱应保持整洁，不得堆放任何妨碍操作、维修的杂物，移动式配电箱、开关箱的进、出线应采用橡皮护套绝缘电缆，不得有接头。

（3）不得用其他金属丝代替熔丝。

（4）配电箱、开关箱外形结构应能防雨、防尘；附近无障碍物，内部整洁无杂物、无积水。

（5）各种元件、仪表、开关与线路连接可靠，接触良好，无严重发热、烧损现象。

（6）箱体接地可靠，各配电箱内无裸露电缆接头，电线应规整。

5．手持电动工具

（1）所用插座和插头在结构上应保持一致，避免导电触头和保护触头混用。

（2）在潮湿场所或金属构架上严禁使用Ⅰ类手持式电动工具。

（3）手持式电动工具的外壳、手柄、插头、开关及负荷线等必须完好无损。

（4）使用手持式电动工具的作业人员，必须按规定穿戴绝缘防护用品。

（5）电源线不得有接头，应有可靠的接地措施。

（6）开关、插头完好，并与电动工具匹配。

（7）防护罩、盖或手柄无破裂、变形或松动。

6. 配电线路

（1）电线无老化、破皮。

（2）电缆主线芯的截面应当满足供电线路负荷的要求。电缆应当带有供保护接地用的足够截面的导体。

7. 现场照明

（1）灯具金属外壳要有接地保护。

（2）固定式照明灯具使用的电压不得超过 220 V，手灯或者移动式照明灯具的电压应小于 36 V，在金属容器内作业用照明灯具的电压不得超过 24 V。

8. 其他

（1）作业面上的电源线应采取防护措施，严禁拖地。

（2）电工作业人员应佩戴绝缘防护用品，持证上岗。

（3）应定期对漏电保护器进行检查。

（4）施工现场有高压线的，必须有具体方案，采取防护措施。

（5）宿舍用电严禁私拉乱接。

二、防灭火知识

（1）养成良好习惯，不要随意乱扔未熄灭的烟头和火种，不能在酒后、疲劳状态和临睡前在床上或沙发上吸烟。

（2）夏天点蚊香应放在专用的架台上，不能靠近窗帘、蚊帐等易燃物品。

（3）不随意存放汽油、酒精等易燃易爆物品，使用时要加强安全防护。

（4）使用明火要特别小心，火源附近不要放置可燃、易燃物品。

（5）焊割作业前要清除附近易燃可燃物；作业中要有专人监护，防范高温焊屑飞溅引发火灾；作业后要检查是否遗留火种。

（6）发现煤气泄漏，迅速关闭阀门，打开门窗，切勿触动电气开关盒、使用明火，并迅速通知专业维修部门来处理。

（7）要经常检查电气线路，防止老化、短路、漏电，发现电气线路破旧老化要及时修理更换。

（8）电路保险丝（片）熔断后，切勿用铜丝、铁丝代替，提倡安装自动空气开关。

(9) 不能超负荷用电,不乱拉、乱接电线。

(10) 离开住处或睡觉前要检查用电器具是否断电,总电源是否切断,燃气阀门是否关闭,明火是否熄灭。

(11) 切勿在走廊、楼梯口、消防通道等处堆放杂物,要保证通道和安全出口畅通。

三、火灾逃生知识

虽然火灾发生有很大的偶然性,但是一旦发生火灾,在浓烟毒气和烈焰包围下,不少人葬身火海,但也有人幸免于难。面对滚滚浓烟和熊熊烈焰,只有冷静机智运用火场自救与逃生知识,才有极大可能挽救自己的生命。

(1) 第一,逃生预演,临危不乱。每个对自己工作、学习或居住所在的建筑物的结构及逃生路径要做到了然于胸,必要时可集中组织应急逃生预演,让大家熟悉建筑物内的消防设施及自救逃生的方法。

(2) 熟悉环境,暗记出口。当你处在陌生的环境中,如入住酒店、商场购物、进入娱乐场所时,为了自身安全,务必留心疏散通道、安全出口及楼梯方位等,以便关键时候能尽快逃离现场。

(3) 通道出口,畅通无阻。楼梯、通道、安全出口等是火灾发生时最重要的逃生之路,应保证畅通无阻,切不可堆放杂物或设闸上锁,以便紧急时能安全迅速地通过。

(4) 保持镇静,明辨方向,迅速撤离。发生火灾时,不要惊慌,要听从疏散人员的安排,沿逃生通道有序地撤离火场。

四、食物防中毒知识

凡是吃了被细菌(如沙门氏菌、葡萄球菌、大肠杆菌、肉毒杆菌等)及其毒素污染的食物,或是含有毒性化学物质的食品,或是食物本身含有自然毒素,所引起的急性中毒性疾病,都叫食物中毒。如食用河豚、有毒贝类、亚硝酸盐类、毒蘑菇、霉变甘蔗、未加热透的豆浆、菜豆和发芽的土豆等导致的中毒。

1. 食物中毒的特点

(1) 发病呈暴发性,潜伏期短,来势急剧,短时间内可能会有多数人发病。

（2）中毒病人具有相似的临床症状。常常出现恶心、呕吐、腹痛、腹泻等消化道症状。

（3）发病与食物有关。患者在近期内都食用过同样的食物，发病范围局限在食用该类有毒食物的人群，停止食用该食物后发病很快停止。

（4）食物中毒病人对健康人不具有传染性。

2. 中毒症状

食物中毒者最常见的症状是剧烈的呕吐、腹泻，同时伴有中上腹部疼痛，常会因上吐下泻而出现脱水症状，如口干、眼窝下陷、皮肤弹性消失、肢体冰凉、脉搏微弱、血压降低等，严重的可致休克。食物中毒多发生在气温较高的夏秋季，其他季节也有可能发生集体中毒（如发生在食堂及宴会上）。

3. 急救措施

一旦有人出现上吐下泻、腹痛等食物中毒，千万不要惊慌失措，要冷静地分析发病的原因，针对引起中毒的食物以及吃下去的时间长短，及时采取以下应急措施：

（1）催吐。如果食物中毒时间在 1~2 h 内，可采取催吐的方法。

（2）导泻。如果食物中毒时间超过 2 h 且精神尚好，则可服用泻药，促使中毒食物尽快排出体外。

（3）解毒。如果是变质的鱼、虾、蟹等引起的食物中毒，可采取稀释、中和的解毒方法进行解毒。

如果经上述急救，病人的症状未见好转，或中毒较重者，应尽快送医院治疗。在治疗过程中，要给病人以良好的护理，尽量使其安静，避免精神紧张，注意休息，防止受凉，同时补充足量的淡盐开水。控制食物中毒的关键在于预防，搞好饮食卫生，防止"病从口入"。

模块二 其他管理作业安全操作技能

安全操作技能一 各岗位"双述"

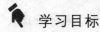 学习目标

1. 了解政工管理岗位"双述"。
2. 了解财务管理岗位"双述"。
3. 了解企业管理岗位"双述"。
4. 了解档案管理岗位"双述"。
5. 了解人力资源管理岗位"双述"。
6. 了解行政办公管理岗位"双述"。
7. 了解核算员管理岗位"双述"。

安全操作技能相关知识

一、政工管理岗位"双述"

1. 岗位描述

领导您好,欢迎检查指导工作。我叫×××,是×单位宣传干事。经过专业技术培训考试合格后,取得培训合格证,持证上岗。负责新闻报道和对外宣传及抓好宣传阵地建设、标语拟定、板报等各种宣传工作。

本岗位描述完毕,请领导指示!

2. 手指口述

(1)深入基层了解职工思想动态,迅速、准确地向上级新闻部门反

映汇报情况,指导基层宣传工作。

（2）做好各个时期、各个阶段的路线、方针、政策的宣传。

（3）深入基层调查研究,倾听群众的呼声,了解宣传工作的有关情况。

（4）做好新人、新事、新经验的宣传报道工作,做好典型宣传。

（5）按时、按量完成外部稿件考核工作。

（6）高质量、高标准完成各级领导交办的其他临时性工作。

手指口述完毕,请领导指示!

二、财务管理岗位"双述"

1. 岗位描述

领导您好,欢迎检查指导工作。我叫×××,是×单位财务管理人员。经过专业技术培训考试合格后,取得培训合格证,持证上岗。负责财务结算和财务收支日常管理工作。

本岗位描述完毕,请领导指示!

2. 手指口述

（1）严格执行国家、行业、单位的财务管理法律、法规、制度。

（2）做好会计业务检查及指导工作。

（3）做好资金支付、会计凭证、应付款项等审核工作。

（4）做好会计档案按规定保管工作。

（5）做好对单位资产定期或不定期组织清查盘点工作。

（6）高质量、高标准完成各级领导交办的其他临时性工作。

手指口述完毕,请领导指示!

三、企业管理岗位"双述"

1. 岗位描述

领导您好,欢迎检查指导工作。我叫×××,是×单位企业管理人员。经过专业技术培训考试合格后,取得培训合格证,持证上岗。负责本单位经营管理过程中的各项工作。

本岗位描述完毕,请领导指示!

2. 手指口述

（1）认真贯彻、落实国家有关企业管理的制度、规定。

（2）严格管理并控制本单位经营管理过程中产生的机密信息、数据及其资料。

（3）及时按规定做好预算编审工作。

（4）及时组织编制发展战略规划、参与规划执行监督、检查。

（5）及时与合同相对方沟通合同条款。

（6）高质量、高标准完成各级领导交办的其他临时性工作。

手指口述完毕，请领导指示！

四、档案管理岗位"双述"

1. 岗位描述

领导您好，欢迎检查指导工作。我叫×××，是×单位档案管理人员。经过专业技术培训考试合格后，取得培训合格证，持证上岗。负责本单位档案管理过程中的各项工作。

本岗位描述完毕，请领导指示！

2. 手指口述

（1）认真贯彻、落实国家有关档案管理的制度、规定。

（2）做好档案室门窗管理，加强通风，保持室内干燥，杜绝明火。

（3）定期对照档案目录核查档案，防止档案资料丢失、损坏。

（4）定期、不定期开展档案工作自查和检查。

（5）做好档案资料编号，对接收的档案资料分类别编号。

（6）高质量、高标准完成各级领导交办的其他临时性工作。

手指口述完毕，请领导指示！

五、人力资源管理岗位"双述"

1. 岗位描述

领导您好，欢迎检查指导工作。我叫×××，是×单位人力资源管理人员。经过专业技术培训考试合格后，取得培训合格证，持证上岗。负责本单位人力资源管理过程中的各项工作。

本岗位描述完毕，请领导指示！

2. 手指口述

（1）认真贯彻、落实国家有关人力资源的管理制度、规定。

（2）严格按照规定程序，办理劳动合同的签订、变更、终止、续订、解除等各项工作,接受各级劳动部门的劳动监察,及时预防、化解、消除各类劳动纠纷。

(3) 按照单位生产经营需要,做好人力资源日常管理,科学合理配置人力资源,严格执行并实施劳动纪律检查制度。

(4) 结合单位实际情况,科学编制、实施、完善本单位定员、定额、定岗方案,满足生产经营工作需要。

(5) 严格按照国家及上级部门规定,正确核算社保基数,按时缴纳各类社保费用。

(6) 高质量、高标准完成各级领导交办的其他临时性工作。

手指口述完毕,请领导指示!

六、行政办公管理岗位"双述"

1. 岗位描述

领导您好,欢迎检查指导工作。我叫×××,是×单位行政办公管理人员。经过专业技术培训考试合格后,取得培训合格证,持证上岗。负责本单位行政办公管理过程中的各项工作。

本岗位描述完毕,请领导指示!

2. 手指口述

(1) 认真贯彻、落实国家有关行政办公的管理制度、规定。

(2) 做好各种文件的起草、打印、校对和发布工作。严格履行岗位责任制,忠于职守、遵纪守法、热爱事业,努力学习专业知识,不断提高业务水平。

(3) 执行保密制度,做好文书、信件收发、传递、借阅、承办、归档工作,对收集到的各种文件材料进行科学的整理,并进行分类和编目等工作,便于查找使用,做好报刊订阅、分发工作,不漏发、不错发。

(4) 严格审查和修改各单位送来打印或盖章的各种文字材料,严格印章管理。

(5) 做好各种会议、会务及来宾接待工作。

(6) 高质量、高标准完成各级领导交办的其他临时性工作。

手指口述完毕,请领导指示!

七、核算员管理岗位"双述"

1. 岗位描述

领导您好，欢迎检查指导工作。我叫×××，是×单位核算员。经过专业技术培训考试合格后，取得培训合格证，持证上岗。负责本单位工资核算管理过程中的各项工作。

本岗位描述完毕，请领导指示！

2. 手指口述

（1）认真贯彻、落实国家有关工资核算的管理制度、规定。

（2）严格按照单位工资、奖金核算办法支付工资和各种奖金。

（3）严格按照工资制度，进行工资分配及核算。按照工资支付对象和成本核算的要求，编制工资分配表，填制记账凭证，并向单位人力资源管理部门提供工资分配的明细资料。

（4）负责工资的明细核算。按照工资总额的组成和支付工资的资金来源，根据有关凭证，进行工资、奖金的明细核算。

（5）定期核对本部门实发奖金，核对收入数与支出数是否一致，并妥善保管当年工资、奖金发放资料。

（6）高质量、高标准完成各级领导交办的其他临时性工作。

手指口述完毕，请领导指示！

安全操作技能二　各岗位管理工作标准

👆 学习目标

1. 掌握政工管理岗位工作标准。

2. 掌握财务管理岗位工作标准。

3. 掌握企业管理岗位工作标准。

4. 掌握档案管理岗位工作标准。

5. 掌握人力资源管理岗位工作标准。

6. 掌握行政办公管理岗位工作标准。

7. 掌握核算员岗位工作标准。

安全操作技能相关知识

一、政工管理岗位工作标准

（1）严格遵守国家法律、法规，认真执行上级和公司制定的各项规章制度，坚持原则、工作主动、认真负责、顾全大局。

（2）按要求填写各类报表，报送及时，数据准确。

（3）按时向上级组织报送年度工作计划及总结。

（4）起草各种文稿，要做到文字精练，表达准确，中心突出，观点正确，逻辑性强，层次分明，文理通顺。

（5）各类台账健全，有关文件、资料及时归档。

（6）按照岗位职责，高标准、严要求，积极主动开展工作，与同事团结协作，相互配合，确保各项工作有序开展。

（7）遇到重大问题应首先提出设想、方案、措施，经部门领导决定后再执行。

二、财务管理岗位工作标准

（1）遵守单位的规章制度，认真贯彻执行财经纪律，坚持原则、忠于职守，自觉维护所在单位的权益，具有良好的职业素养和丰富的专业知识。

（2）按照《会计法》、会计准则、税法等法律法规以及单位会计制度，做好日常会计核算工作，正确适当地设计单位财务处理办法，使其既符合会计制度的规定又满足税法规定。

（3）认真做好单位各项费用支出的报销审核工作，合理设置会计科目，管理总分类账。

（4）认真审核原始会计凭证，及时进行会计核算、会计报表的编制工作，及时按规定周期报送财务报表及分析报告。

（5）严格根据单位的实际情况，及时、准确、完整地记录现金日记账和银行存款日记账。

（6）库存现金做到日清月结，及时对账，不得积压单据，及时办理各种银行及现金的收付业务。

（7）严格按规定程序进行原始单据的传递，确保资金的安全。

三、企业管理岗位工作标准

(1) 规范建立经济合同管理制度及工作流程,并根据实际情况进行修改、补充。

(2) 经济合同及时归档、整理,做到规范统一,便于查找。

(3) 各类考核资料及时进行收集、整理,完善考核标准,做到考核内容全面、具体。

(4) 成本核算方法科学合理,项目齐全,数据准确、清晰,核算结果及时报送。

(5) 对各部门费用消耗严格进行稽查核实,实现节支降耗、不浪费。

(6) 生产经营计划编制应科学合理,能够指导实际生产,遇到特殊情况,按规定进行计划调整。

四、档案管理岗位工作标准

1. 档案资料的交接

(1) 移交入档的档案资料,要保证按要求做到整理规范,做好相应的移交资料单,确保清单与移交资料内容相符。

(2) 接收档案时,对照移交清单、入档的档案资料逐一核对,确认无误后,档案管理员与移交人员在"档案交接单"上签字,"档案交接单"一式两份,双方各执一份。

(3) 对于损坏、不完整的移交资料,应根据规定,要求移交人员重新整理后,再办理交接手续。

(4) 办理完交接手续的档案,要分类整理,填写好档案目录。

2. 档案的借阅

(1) 借阅人员在"档案借阅单"上写明需借阅的档案名称、借阅人、借阅时间等,并由所在的部门主管领导签字。

(2) 档案管理员对照"档案借阅单"找出档案,并在借阅单上注明每个档案资料的数量及借阅日期。

(3) 档案管理员要填写档案盒内的借阅卡。

(4) 借阅人员拿"档案借阅单"找档案室主管领导签字后,将单据与所借档案资料逐一核对,确认无误后,单据交给档案管理员,方可取走档案。

（5）对于所借出的档案资料到期不能归还的,档案管理员要督促借阅部门归还。若需继续借阅,要重新登记并办理借阅手续。

3. 档案的归还及后续整理工作

（1）借阅人归还档案时,档案管理员根据"档案借阅单"填写的内容逐一确认档案资料是否完好无损。

（2）确认档案资料完好无损后,在"档案借阅单"上填写归还日期,并在此单据上明显标记说明档案资料已归还。

（3）若归还的是整盒档案资料,填好盒内借阅卡后,按照类别放在原来的档案柜中。

（4）零散的档案资料,按其编号找出相应的档案盒,对照盒内的资料借阅卡,按序号放入盒内。

（5）上述工作完成后,根据类别将档案放入档案柜中。

4. 档案资料的整理、保管

（1）按照原有的档案资料编号,对接收的档案资料分类别编号。

（2）按所分类别编写档案目录,以便于查找。

（3）定期对照档案目录核查档案,防止档案资料丢失、损坏。

（4）核查中发现被损坏、字迹受潮、缺失的档案资料,要做好登记,并及时向主管领导汇报详细情况。

五、人力资源管理岗位工作标准

（1）按照国家有关法律法规以及上级部门的薪酬政策,结合本单位工作性质及特点,支付能力,科学合理地编制本单位薪酬制度、定额标准,并严格贯彻执行。

（2）严格按照规定程序,办理劳动合同的签订、变更、终止、续订、解除等各项工作,接受各级劳动部门的劳动监察,及时预防、化解、消除各类劳动纠纷。

（3）按照单位生产经营需要,做好人力资源日常管理,科学合理配置人力资源,严格执行并实施劳动纪律检查制度。

（4）结合单位实际情况,科学编制、实施、完善本单位定员、定额、定岗方案,满足生产经营工作需要。

（5）严格按照国家及上级部门规定，正确核算社保基数，按时缴纳各类社保费用。

（6）按实际生产需要，完成员工的招聘、录用、培训等各项工作，并及时办理相关手续。

（7）按实际生产需要，做好人力资源培训开发工作，科学合理地编制员工培训计划，逐步实现员工素质提升，满足生产需要。

六、行政办公管理岗位工作标准

（1）管理本单位公共事务、文件档案、招待所、机关食堂、勤杂等人员。

（2）起草全年度行政管理工作计划，切合实际、突出重点地做好阶段行政工作安排。

（3）做好各类文件的起草、打印、校对和发布工作。严格履行岗位责任制，忠于职守、遵纪守法、热爱事业，努力学习专业知识，不断提高业务水平。

（4）执行保密制度，做好文书、信件收发、传递、借阅、承办、归档工作，对收集到的各种文件材料进行科学的整理，并进行分类和编目等工作，便于查找使用，做好报刊订阅分发工作，不漏发、不错发。

（5）做好办公用品预算、审批、发放、上账、调配保管事宜。

（6）严把办公用品质量关、审批关，杜绝浪费。

（7）严格审查和修改各单位送来打印或盖章的各种文字材料，严格印章管理。

（8）做好各种会议、会务及来宾接待工作。

（9）完成领导交办的其他任务。

七、核算员岗位工作标准

（1）根据批准的工资指标核算工资，分析工资分配执行情况，及时反映违反工资政策规定滥发津贴、奖金的现象。

（2）严格按照单位工资、奖金核算办法支付工资和各种奖金。

（3）严格按照工资制度，进行工资分配及核算。按照工资支付对象和成本核算的要求，编制工资分配表，填制记账凭证，并向单位人力资源管理部门提供工资分配的明细资料。

（4）负责工资的明细核算。按照工资总额的组成和支付工资的资金来源，根据有关凭证，进行工资、奖金的明细核算。

（5）定期核对本部门实发奖金，核对收入数与支出数是否一致，并妥善保管当年工资、奖金发放资料。

（6）按照要求完成培训工作，并完成领导交办的其他任务。

模块三　其他管理作业典型事故案例

学习目标

1. 了解其他管理作业典型事故案例。

2. 增强职工安全意识和提高安全操作技能,吸取事故教训,防止同类事故发生。

安全操作技能相关知识

案例一　办公楼火灾事故

办公室是人员集中场所,如今的办公室里有空调、饮水机、电脑、打印机、复印机、碎纸机等很多电器。这些电器在给我们的工作带来便利的同时,如果使用不当,也会埋下很多火灾隐患。

案例　2015 年 3 月 17 日中午 12 时 40 分许,云南省某公司一栋两层办公楼突发火灾。1 名员工从二楼飞身纵下跳楼逃生,造成双腿粉碎性骨折。被困的其他 3 名公司员工则不幸遇难。起火原因是办公楼一楼大厅里废弃的易燃物品——沙盘模型。

案例　2010 年 8 月 28 日下午 2 时 50 分许,辽宁省某商业广场售楼处一楼的沙盘模型内电气线路接触不良引起火灾,最终造成 12 人遇难、23 人受伤。

预防措施:

(1) 下班一定要拔插头。下班后要将饮水机、电风扇、空调等电源插头拔掉或将电源开关关掉,这样既安全又省电。

(2) 及时熄灭烟头。抽烟后要及时熄灭烟头,不要将未经熄灭的烟头扔到废纸篓里。最好不要在办公室抽烟。

（3）要保持疏散通道畅通。办公区域消防疏散通道要保持畅通，平时要熟悉安全出口位置和逃生路线。

（4）切忌超负荷用电。办公区域电器多用插座供电，切忌插用电器过多，以免造成插座、插头啮合不良发热失火，最好不要使用电水壶等大功率电器。

（5）切忌将便携式电器靠近可燃物。便携式电器一般体积较小，散热性差，使用不当容易发生自燃，使用时应远离桌面、台布等可燃物，并随时查看温度。

（6）切忌让电器长时间待机。电器长时间待机容易造成电器损坏或诱发火灾。另外，手机、相机等电池充电时间不能过长，下班时应拔掉正在充电的设备。

案例二　档案管理不当事故

档案是人类文明发展到一定历史阶段的产物，它将往复不断的现象真实记录下来，使瞬间变成永恒。它与人类文明的产生、发展相伴相随，并随着社会文明程序的提高和对档案利用需求的增长，越来越深入地渗透到人类活动的方方面面。更通俗地说，档案记录无处不在，大到国家机器的运转，小到每个人出生到就业甚至到死亡，都有相应的档案伴随左右。如果档案保管及管理不当，会对工作单位及个人产生深远的影响。

案例　徐某于 1966 年进入上海某机器厂工作。1984 年 3 月，该机器厂以徐某擅自调拨材料为由，给予徐某行政记过处分。1985 年 5 月 29 日，徐某提出辞职，机器厂未同意并限其于 6 月 2 日前先来厂上班，但是徐某未到岗上班。1985 年 8 月 4 日，机器厂对徐某作出除名决定，同年 8 月 21 日徐某签收了处分决定书。徐某被单位除名后，单位迟迟不把他的档案转出，直到 20 年后才将他的劳动档案转移到其所在的街道社保中心。法院经过调查认定，该单位的行为已侵犯了当事人的合法权益，判定该机器厂赔偿徐某经济损失 15 000 元。

案例　2004 年 6 月 18 日上午 10 时左右，崔某来到焦作市档案馆查阅档案,工作人员热情地接待了他,并根据他的要求提供了所需的招工档案。崔某看到查阅档案的人员较多,趁机涂改了其招工表上的年龄,可他的所作所为没能逃过工作人员的眼睛,当场指出了他的不法行为,并及时上报市档案局领导。市档案局的领导接到报案后,立即责成档案行政执法人员立案查处,经调查、取证,崔某对私自涂改招工档案的违法行为供认不讳。经查,崔某系本市某厂工人,想提前办理退休手续,就抱着侥幸的心理涂改档案,以达到自己的目的。

预防措施:

(1)强化档案管理人员的风险意识,把档案安全管理理念植入管理人员的心里。

(2)根据国家法律法规,科学制定、严格落实本单位档案管理办法,做好档案管理中的风险防控及细节管理工作。

(3)严格档案借阅管理。落实档案借阅审批手续,有关人员借阅时必须经单位主管领导签字,详细记录有关借阅单位、借阅人、借阅缘由、借阅内容及借阅时间等关键信息。档案交接时必须当面清点,共同签字确认。

(4)切实做好档案室风险防控。加强档案管理的基础设施建设,提高档案管理软硬件设施水平,实现档案库房、档案查阅、办公各自独立,安装报警系统,定期检查更换消防器材,定期检查电气线路,并配置与档案数量相适应的档案柜、灭火器、温湿度计、空调、计算机等专用设备。

第四部分　后勤服务作业

后勤服务作业安全技术基础知识
后勤服务作业安全操作技能
后勤服务作业典型事故案例

模块一　后勤服务作业安全技术基础知识

安全技术基础知识一　各岗位安全责任制

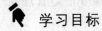 学习目标

1. 掌握炊事员岗位安全责任制。
2. 掌握门卫岗位安全责任制。
3. 掌握宿舍管理员岗位安全责任制。
4. 掌握洗衣工岗位安全责任制。
5. 掌握地面卫生工岗位安全责任制。
6. 掌握澡堂管理员岗位安全责任制。
7. 掌握设备、材料管理员岗位安全责任制。
8. 掌握仓库管理员岗位安全责任制。

安全技术基础知识相关知识

一、炊事员岗位安全责任制

（1）树立"服务第一"的思想意识，全面落实食堂各项管理工作，提高食堂的服务质量。

（2）加强对食堂内部的操作安全和食品安全的管理，提高安全意识和服务意识。

（3）严格遵守食品卫生法规和食品卫生管理等各项规章制度，杜绝食品卫生、食品中毒事故。

（4）负责炊具、厨具清洗消毒和保养，做好个人卫生清理，确保操

作卫生和食品卫生达标。

(5) 严格执行炊(厨)具、刀具、液化气及灶具、食品机械的安全操作规程,杜绝安全事故。

(6) 负责食堂食品加工过程控制、成本管控,协助物品购入、出库等监督检查。

(7) 积极参加炊事员厨师技术岗位练兵,提高烹饪技术水平。

(8) 负责饭菜品种的更新改进,保证 24 小时热饭热菜的供应。

(9) 掌握职业病危害防护和职业健康、环境保护知识,做好职业病危害防护和环境保护工作。

(10) 负责责任区消防安全管理,爱护消防设施,遵守消防管理制度,杜绝消防事故。

(11) 负责完成领导交办的其他工作。

二、门卫岗位安全责任制

(1) 负责组织各项门禁工作的落实,认真开展企业安全文化建设活动。

(2) 正确执行党和国家法律、法规、政策,坚持执行上级的决议和指示,依据法律和上级的规定,正确行使保卫工作职责。

(3) 负责进出煤矿人员、车辆的日常检查,做好门卫盘查登记,维护好人员出入秩序。

(4) 积极参与治保会、联防队、义务消防队、民事调解组和隐蔽力量建设,预防和制止违法犯罪活动。

(5) 积极参与所在地区组织的社会治安综合治理工作,处理煤矿发生的紧急事件。

(6) 做好煤矿消防工作。做好治安保卫工作制度和措施的落实,对查出的隐患提出整改意见。

(7) 对职工进行防火、防盗、防爆炸、防治安灾害事故的宣传教育,协调有关部门搞好职工的法制教育和普法工作。

(8) 负责煤矿保卫、安全,维护煤矿正当利益。认真落实安全保卫责任制,及时处理突发事件,确保矿区治安秩序稳定。

(9) 加强个人学习,积极参加培训,认真落实各项工作会议精神。

（10）负责完成领导交办的其他工作。

三、宿舍管理员岗位安全责任制

（1）认真贯彻执行公寓楼管理制度，热心为职工服务，解除职工住宿等方面的后顾之忧。

（2）熟悉公寓楼分布情况及门牌编号，及时准确地检查，深入了解职工对住房的意见和要求。

（3）遵守制度，爱护公物，不利用工作之便损公肥私、损人利己；努力学习相关业务，严格管理职工入住程序。

（4）负责责任区安全管理，做到防火、用电安全，加强对单身职工的住宿管理。

（5）对新进煤矿的工人要积极配合有关部门安排住宿。

（6）掌握职业病危害防护和职业健康、环境保护知识，做好职业病危害防护和环境保护工作。

（7）负责责任区设施、设备的维护管理，并搞好节能工作，经常性地对宿舍进行安全、消防检查。

（8）负责完成领导交办的其他工作。

四、洗衣工岗位安全责任制

（1）严格执行洗衣烘干设备、设施的安全操作规程，杜绝安全事故。

（2）负责责任区消防安全管理，爱护消防设施，遵守消防管理制度，杜绝消防事故。

（3）坚守工作岗位，工作时间严禁脱岗，坚持对手交接班。规范工作衣洗涤程序，及时为职工做好衣物的洗涤、烘干及发放工作。

（4）上班期间必须认真负责，清点好衣物，衣物必须对号上架，保证查找不出差错，保证职工随到随洗随发。

（5）当班收洗的衣物当班要洗干净烘干上架，查点清楚，当班出现差错当班处理，丢失衣物的应做好登记并对当班工作人员按制度进行处罚。

（6）交接班必须把衣物查点清楚；接班后必须对洗衣设备先试运转，发现问题及时汇报，并找维修工处理；爱护机械设备，保证正常运转。

（7）洗衣机房内严禁非工作人员入内，对室内外环境卫生及时清扫，保持干净。

（8）全心全意为职工服务，不断提升服务质量。

（9）掌握职业病危害防护和职业健康、环境保护知识，做好职业病危害防护和环境保护工作。

（10）负责完成领导交办的其他工作。

五、地面卫生工岗位安全责任制

（1）负责地面、墙面、门窗、墙角、痰盂等卫生，保证楼梯扶手无灰尘，天花板、墙壁、墙角及悬挂物无蜘蛛网，卫生间无积水、无异味，卫生无死角。

（2）广场地面、花池边、路肩、垃圾箱、宣传牌板无灰尘，并定期擦拭。

（3）及时清理矿区内的垃圾，主干道无任何杂物、纸屑、烟头等。

（4）作业时应当穿着工作服，遇上级部门检查或参观时，注意形象和礼让。

（5）所有公共设施要保证齐全完好，爱护劳动工具，工作结束后劳动工具要摆放整齐、妥善保管，不得有意破坏和丢失。

（6）有义务制止卫生辖区内职工不规范的行为，对不听劝阻的要及时通知值班领导或保卫部门。

（7）服从临时工作安排，接通知后及时到达预定场所。

（8）掌握职业病危害防护和职业健康、环境保护知识，做好职业病危害防护和环境保护工作。

（9）负责完成领导交办的其他工作。

六、澡堂管理员岗位安全责任制

（1）负责责任区卫生清理，做好责任区的防滑、防烫、防冻、消防、用电、公共场所应急安全设施检查维护。

（2）坚守工作岗位，工作时间严禁脱岗，按规定时间放水，水温应适中，看护好澡堂内各种设施，对损坏澡堂公物的行为要敢于制止，并报告值班人员。

(3) 根据气候变化,及时调整好澡堂内的水温。

(4) 负责澡堂内的卫生打扫,池内外要经常打扫干净,定期消毒,保持良好的卫生环境。

(5) 要爱护澡堂公物,脸盆、淋浴器、水管等公物,发现有损坏的及时报告检修。

(6) 负责澡堂日常洗浴秩序的维护管理,监督进入澡堂洗浴的职工行为,发生职工不遵守和维护公共环境、卫生等异常情况的要及时制止并报告,严禁职工随地大小便。

(7) 严禁在澡堂浴池内洗各种衣物,如有违反要制止并报告,严格按照有关制度落实处罚。

(8) 按规定穿戴劳动保护用品,做好综合防护。

(9) 掌握职业病危害防护和职业健康、环境保护知识,做好职业病危害防护和环境保护工作

(10) 负责完成领导交办的其他工作。

七、设备、材料管理员岗位安全责任制

(1) 遵守仓库的各项管理制度,坚守工作岗位,做好本职工作。

(2) 建立设备台账,办理日常设备、材料的领用发放、交接验收手续。

(3) 负责设备、材料的检修、更换记录以及相应的账目、卡片、牌板的变动管理。

(4) 负责管理范围各区域内设备、材料的检查、核对和设备的现场跟踪管理。

(5) 负责新进设备的验收、外委修理及设备借用的申请报告等工作,负责联系、提运及账目和手续的办理。

(6) 经常深入现场,了解和检查设备、材料的使用、维护、运行等情况,并对管理范围内的机电设备的使用情况,提出改进意见和合理化建议。

(7) 严格执行国家法律法规和上级有关安全管理规定。

(8) 负责完成领导交办的其他工作。

八、仓库管理员岗位安全责任制

（1）做好日常仓库管理工作，严格执行物资的保管、保养制度，及时准确地发放物资。

（2）遵守仓库的各项管理制度，坚守工作岗位，努力做好本职工作。

（3）与材料员共同把好验收入库关，并做好到货登记。

（4）做好库存物资的维护保养工作。

（5）按照手续齐备的领料单及时准确地发放物资。对生产急需出库的物资，要督促有关人员在规定时间内补办正式手续。

（6）建立各单位个人工具、公用工具等台账，对发放物资做到心中有数。

（7）按时完成物资领料单的汇总工作，对每月发生的各种单据要进行整理、装订、妥善保管并建立台账，出具收支存报表。

（8）经常对所管物资进行盘点，掌握库存动态，确保账、卡、物相符，出现问题及时反映和处理。

（9）坚持业务学习，不断提高业务素质。

（10）做好库房内外的清洁工作，库房必须做到清洁卫生、摆放整齐、货架无尘土，并做好自己负责的卫生区整理打扫工作。

（11）提高安全意识，做好防火、防盗工作，确保仓库安全。

（12）及时完成领导下达的其他各项任务。

安全技术基础知识二　各岗位安全风险及控制

学习目标

1. 掌握炊事员岗位安全风险及控制。
2. 掌握门卫岗位安全风险及控制。
3. 掌握宿舍管理员岗位安全风险及控制。
4. 掌握洗衣工岗位安全风险及控制。
5. 掌握地面卫生工岗位安全风险及控制。

6. 掌握澡堂管理员岗位安全风险及控制。

7. 掌握设备、材料管理员岗位安全风险及控制。

8. 掌握仓库管理员岗位安全风险及控制。

安全技术基础知识相关知识

一、炊事员岗位安全风险及控制

1. 岗位风险

(1) 燃气灶、罐漏气炸伤。

(2) 炭火外溢烧伤。

(3) 油温过高溅起烧伤。

(4) 油烟对呼吸系统的危害,可能引发疾病。

(5) 夏季高温中暑。

(6) 地面湿滑摔伤。

(7) 使用食品机械可能发生绞伤、割伤等伤人事故。

(8) 使用刀具等不慎可能割伤。

(9) 操作电气设备、工具可能发生触电伤人事故。

(10) 因违反食品卫生规范可能导致食品卫生或食物中毒事件。

2. 预防措施

(1) 及时检修燃气灶、罐;消防设施配备齐全。

(2) 设专人炭火作业。

(3) 加强技能培训,操作时小心谨慎,穿保护服。

(4) 及时检修排风扇,操作间通风良好。

(5) 操作间防暑降温设施良好。

(6) 穿好防滑鞋,食堂地面保持干净,无油污、无积水。

(7) 按章操作,严禁靠近或接触设备的旋转部位。

(8) 使用刀具时应小心谨慎。

(9) 操作电气设备、工具时不得用潮湿的手操作,严格按照操作规程操作。

(10) 严格遵守食品卫生规范,保持良好的卫生习惯。

二、门卫岗位安全风险及控制

1. 岗位风险

（1）未做好矿区的治安巡逻工作，未及时制止各类事件的发生。

（2）未做好矿区公共场所的安全管理工作。

（3）未及时盘查形迹可疑人员，发现问题未及时汇报处理。

（4）未对矿区各种车辆进行检查。

（5）未现场交接班。

2. 预防措施

（1）认真负责矿区的治安巡逻工作，及时制止各类事件发生。

（2）认真负责矿区公共场所的安全工作，确保矿区无案件发生。

（3）及时盘查形迹可疑人员，发现问题及时汇报处理，确保矿区周围的治安安全。

（4）认真对矿区各种车辆进行检查，纠正违规违章行为，降低交通事故发案率。

（5）必须现场交接班，交清问题隐患，做好记录。

三、宿舍管理员岗位安全风险及控制

1. 岗位风险

（1）高空作业摔伤。

（2）卫生间使用化学药物蚀伤皮肤。

（3）湿手触摸电器及开关触电。

（4）楼梯口作业跌落摔伤。

（5）使用消毒杀菌药物蚀伤皮肤、眼睛或中毒。

（6）宿舍私拉乱接电线造成触电或火灾。

（7）消防安全管理不到位，引发消防事故。

2. 预防措施

（1）高空作业系牢安全带，设人监护。

（2）冲洗时穿高筒雨靴，戴防护手套。

（3）干手使用、干抹布擦拭电器及开关。

（4）上岗严禁穿高跟鞋，作业时小心谨慎。

（5）按规定剂量和使用说明规范使用，喷洒药物必须戴口罩、手

套,穿好防护用品。

(6)加强检查,杜绝私拉乱扯电线现象。

(7)按规定做好责任区的日常消防管理,检查监管到位。掌握发生火灾时的应急处置措施,避免事故扩大。

四、洗衣工岗位安全风险及控制

1.岗位风险

(1)湿手触摸电器及按钮触电。

(2)甩干机螺栓松动飞溅损伤设备。

(3)洗衣机、烘干机漏电。

(4)地面湿滑摔伤。

(5)洗衣机运转时开门取衣。

(6)衣物超温烘干,易发生火灾。

(7)设备旋转部位绞伤人员。

2.预防措施

(1)操作电器前必须保持手部干燥。

(2)甩干机使用前检查螺栓是否松动。

(3)使用前检查洗衣机、烘干机外壳保护接地是否完好;发现漏电时应严禁使用。

(4)及时清理地面积水。

(5)洗衣机没停止运行时,严禁开门取衣。

(6)按照说明合理设置烘干温度,严格按照操作说明操作。

(7)严格遵守设备安全操作规程,并做好安全防护。女工禁止留长发,或将长发挽入帽内。

五、地面卫生工岗位安全风险及控制

1.岗位风险

(1)马路作业有浮尘、扬沙侵害。

(2)垃圾散发有害气体。

(3)垃圾运输碰伤。

(4)夏季高温中暑。

(5)冬季路滑摔伤。

（6）焚烧垃圾烧伤。

（7）接触垃圾可能诱发疾病。

2.预防措施

（1）洒水作业,戴防护口罩。

（2）及时清理垃圾,量大时必须多人作业。

（3）货车持证驾驶,推车遵守交通规则。

（4）夏季作业避开高温时段。

（5）冬季及时铲除冰块,穿防滑鞋作业。

（6）严禁焚烧,将垃圾运送到指定地点。

（7）按规定做好卫生防护和清洗消毒。

六、澡堂管理员岗位安全风险及控制

1.岗位风险

（1）打汽时汽、水烫伤。

（2）升降设备(如吊篮)坠落物砸伤或者高处作业摔伤。

（3）入浴人员杂,易感染皮肤病。

（4）地板湿滑导致摔伤。

（5）湿手触摸照明开关、电器按钮引发触电事故。

（6）因消防安全管理不到位,可能引发消防事故。

（7）澡堂水温超温,可能发生入浴人员烫伤。

（8）卫生清理和卫生管理不到位,可能诱发疾病。

2.预防措施

（1）必须穿劳动保护服上岗。

（2）升降设备时注意观察,做好防护,保证人员安全站位和走位,高处作业用防护梯、保险带,严禁单独作业。

（3）作业时不裸露皮肤,定期参加体检。

（4）穿防滑雨靴作业。

（5）触摸设备时保持手部干燥。

（6）按规定做好责任区的日常消防管理,检查监管到位。掌握发生火灾时的应急处置措施,避免事故扩大。

（7）采取体感温度和温度表显示温度"双确认"法,严格按规定水温控制洗浴水温。

（8）严格执行澡堂卫生管理和清理消毒制度，做好日常卫生管理。

七、设备、材料管理员岗位安全风险及控制

1. 岗位风险

（1）不合格设备、物资入库。

（2）库存设备、物资保管、保养不好。

（3）错误发放物资。

2. 预防措施

（1）班组长、办事材料员、保管员共同对到货物资进行验收，确保产品质量。

（2）管理人员应对库房不定期进行检查，发现问题及时处理。

（3）严格核对所发放物资。

八、仓库管理员岗位安全风险及控制

1. 岗位风险

（1）库房内吸烟、动用明火产生火灾、烧伤事故。

（2）离开库房未切断电源，一些不可预知因素造成电力事故。

（3）库房内使用普通照明工具，产生火灾、烧伤事故。

（4）报警设施不完善。

（5）化学药品摆放不规范发生渗漏。

（6）食品库内生熟品混存造成食物中毒。

2. 预防措施

（1）严禁在库房内吸烟，严禁动用明火。

（2）离库必须切断电源。

（3）库房内不准架设临时电线，必须使用防爆灯具。

（4）定期检查报警设施，防止失效。

（5）化学药品设专人规范管理，防止渗漏污染。

（6）每班检查生熟食品，必须分库存放。

安全技术基础知识三
各岗位事故隐患排查及治理

学习目标

1. 掌握炊事员岗位事故隐患及治理。
2. 掌握门卫岗位事故隐患及治理。
3. 掌握宿舍管理员岗位事故隐患及治理。
4. 掌握洗衣工岗位事故隐患及治理。
5. 掌握地面卫生工岗位事故隐患及治理。
6. 掌握澡堂管理员岗位事故隐患及治理。
7. 掌握设备、材料管理员岗位事故隐患及治理。
8. 掌握仓库管理员岗位事故隐患及治理。

安全技术基础知识相关知识

一、炊事员岗位事故隐患及治理

1. 隐患内容

（1）冒险端拿较重的热水、热汤可能会造成烫伤。

（2）地面积水和油污易造成湿滑摔倒。

（3）打扫旋转中的设备易造成伤害。

（4）工具、容器混用，食材储存不规范，造成食品不卫生、污染和变质。

（5）用湿漉的手操作带电设备极易造成触电伤害事故。

（6）使用带病设备加工食品或不按设备操作规程要求（如戴手套使用压面机等）操作设备易造成割伤、压伤、绞伤等伤害事故。

（7）油炸食品时操作不当易溅油伤人或发生火灾。

（8）食品未烧熟煮透、餐具清洗消毒保洁不当、"三防"（防尘、防鼠、防虫）工作不符合要求，极易造成疾病传染和食物中毒。

（9）灶具使用前不检查漏气,使用后不确认阀门是否处于关闭状态有造成火灾、爆炸的隐患。

2. 隐患治理

（1）操作要规范,避免烫伤;严格按照厨房设备的操作规程和使用说明进行操作。

（2）及时清理工作地点的积水和油污。

（3）严禁打扫旋转中的设备,防止发生伤人事故。

（4）工具、容器应归类放置,按规定储存食品。

（5）操作带电设备时要保持双手及设备干燥。

（6）设备运行过程中不得将手臂伸进机器内部;按规定要求使用设备,严格按照操作规程操作,不违章作业。

（7）油炸食物时正规操作,做好防护,并严禁工作人员离开作业现场,防止发生火灾。

（8）炊事员要认真作业,加工食品烧熟、煮透,餐具及时清洗消毒,做好"三防"工作。

（9）灶具在使用前、后要做好安全检查和安全确认。

二、门卫岗位事故隐患及治理

1. 隐患内容

（1）对外来人员出入查询、登记出错。

（2）对出入人员查询盘问不当,发生口角争执等。

（3）人财物出入管控不严、记录出错。

（4）工作时精力不集中,或嬉戏打闹、脱岗、串岗,影响门卫工作的正常开展。

2. 隐患治理

（1）严格执行出入查询登记制度,外来人员联系工作,只有在门卫与相关部门联系登记后,方可进入,私人会客办好登记手续。

（2）严格执行出入制度,坚持原则,一视同仁,做到语言文明、礼貌待人,不借故刁难,不以职谋私,不与他人发生口角争执。

（3）严格车辆和人员的管制与检查,按照制度执行,记录清楚准确,严格把关。

（4）上班时集中精力，不嬉戏打闹，不干私活，不喝酒，不打瞌睡，忠于职守。

三、宿舍管理员岗位事故隐患及治理

1. 隐患内容

（1）楼道内堆放杂物，存放易燃、易爆物品。

（2）宿舍内私拉乱扯电线，违规使用大功率电器。

（3）管理不善，宿舍内公共财物被损坏。

（4）房间空气不畅通；使用煤炉取暖，发生煤气中毒。

（5）宿舍内在电灯头、灯管等电气设备上搭挂衣物或烘烤物品。

（6）宿舍内玩火、焚烧物品或燃放烟花爆竹等。

2. 隐患治理

（1）加强检查，禁止在楼道内堆放杂物，存放易燃、易爆物品，保证楼道畅通无阻。

（2）加强用电管理，严禁宿舍内私拉乱扯电线，严禁违规使用电磁炉、电暖器等大功率电器。

（3）加强对宿舍内的公共财物管理和日常巡查，保证完好。

（4）宿舍内严禁使用煤炉取暖，保持空气流通。

（5）加强检查，严禁在电灯头、灯管等电气设备上搭挂衣物或烘烤物品。

（6）严禁在宿舍内玩火、焚烧物品或燃放烟花爆竹，严格管理烟花爆竹等易燃、易爆物品。

四、洗衣工岗位事故隐患及治理

1. 隐患内容

（1）地面积水、油污湿滑易摔倒。

（2）直接用水冲洗电气设备部位或用湿手接触电气设备开关等。

（3）放入滚筒内的衣物超过负荷量。

（4）蒸汽烘干衣物出现管路漏汽。

（5）洗衣房内存放易燃、易爆物品。

（6）设备未完全停止运行前，将手、工具等伸入洗衣机、烘干机或其他设备内部。

（7）烘干衣物温度设置过高发生故障，引发自燃。

2. 隐患治理

（1）及时清理地面的积水和油污。

（2）注意用电安全，严禁直接用水冲洗电气设备或用湿手接触电气设备开关；擦拭电气设备前，先关闭电源，佩戴好绝缘手套，用干布擦拭。

（3）严格按照要求作业，严禁放入滚筒内的衣物超过允许负荷量。

（4）平时多观察蒸汽管路是否漏汽，发现问题应及时处理，防止出现大量漏汽烫伤人。

（5）洗衣房内严禁存放易燃、易爆物品，保持通风良好，防止发生火灾。

（6）洗衣机、烘干机或其他设备未完全停止运行前，严禁开门伸手或手持工具入内。

（7）使用烘干机时，根据衣服合理设定温度，防止发生仪器、设备故障，造成温度过高发生自燃。

五、地面卫生工岗位事故隐患及治理

1. 隐患内容

（1）清理卫生时不正确佩戴手套易划伤手。

（2）楼道地面湿滑易滑倒。

（3）打扫广场卫生时易发生被过往车辆刷蹭或碰撞。

（4）登高作业时不使用保险带。

（5）寒冷季节不注意防滑作业。

（6）使用设备、工具时不注意检查设备、工具的完好性，在作业时造成人身或设备事故。

（7）着装不当发生扭伤、夹伤。

（8）工业广场作业产生浮尘、扬沙现象。

（9）垃圾清理不及时。

（10）夏季高温室外作业引发中暑。

（11）私自焚烧垃圾。

（12）疏通管道、沟渠时蹭伤。

2. 隐患治理

(1) 正确佩戴手套,尤其是清理宣传栏、玻璃、楼梯扶手时,要谨慎操作,避免划伤手。

(2) 打扫楼道内地面时注意清理积水、油污,防止滑倒。

(3) 打扫广场卫生时,要严密注意过往车辆,提高安全意识,防止发生事故。

(4) 擦拭墙壁、门窗、窗台等需要登高作业时,必须系好保险带,在安全确认后再进行作业。

(5) 冬季及时铲除冰块,注意防滑作业。天气寒冷时,严禁在道路洒水,防止道路结冰。

(6) 使用设备、工具前应先检查设备是否完好。

(7) 穿工作服、平底鞋,严禁穿高跟鞋。

(8) 做好洒水降尘工作,戴好防尘口罩。

(9) 严格巡检,及时清理垃圾。

(10) 夏季作业时应避开高温时段室外作业。

(11) 严格管理,严禁焚烧垃圾,将垃圾运送到指定地点。

(12) 疏通管道、沟渠前应穿戴好劳动保护服等劳保用品。

六、澡堂管理员岗位事故隐患及治理

1. 隐患内容

(1) 阀门漏汽、漏水。

(2) 浴池水位过低,补水供汽加温时易冒汽伤人。

(3) 蒸汽管道高温易伤人。

(4) 浴池水温过高易伤人。

(5) 外来人员,尤其是老人、儿童来洗浴时易发生意外。

(6) 地面积水易滑倒。

2. 隐患治理

(1) 随时检查供水、供汽阀门是否完好,确保不漏水、不漏汽。

(2) 确认浴池加水至合理水位后再打水供汽加热。

(3) 警示出入浴池洗浴时要远离蒸汽热水管道。

(4) 加强测控,确认浴池水温控制在 40~45 ℃的适宜温度。

(5) 加强管理,任何人不得私自带外来人员入澡堂洗浴。

(6) 及时清理积水或铺设防滑垫,并设置警示标语。

七、设备、材料管理员岗位事故隐患及治理

1. 隐患内容

(1) 设备、材料验收不严,未及时收集存档相关资料。

(2) 设备、材料维护保养不当。

(3) 设备、材料的领用、发放、回收把关不严。

(4) 对现场设备、材料的使用状态不清晰。

2. 隐患治理

(1) 严格按照制度验收,及时收集归档设备、材料的相关资料,如说明书、保修卡、合格证、检测报告等。

(2) 按照设备、材料维护保养计划和要求做好维护保养工作,提高设备、材料的可靠性和使用寿命。

(3) 做好各类设备、材料的标识工作,严格执行设备、材料的领用、发放、回收制度,对丢失零配件的设备要及时配齐,保证备用设备、材料完好。

(4) 对现场设备、材料的使用状态应建档立卡管理,确保设备、材料使用状态清晰。

八、仓库管理员岗位事故隐患及治理

1. 隐患内容

(1) 物料存放位置不当占用通道,未分类标注清楚,不利于取用安全。

(2) 物料存放不平稳,堵塞电气开关或急救设备、消防器材等。

(3) 易燃、易爆等危险物品标识不清,没有隔离存放。

(4) 堆置及移动物料时野蛮搬运移动。

(5) 库房内随意私拉乱扯电线、吸烟、使用明火等。

2. 隐患治理

(1) 物料储存按种类、大小、长短整齐有序放置,并标注清晰,登高取物时注意防范意外伤害及物料损坏,保持通道与出入口通畅。

(2) 物料堆放平稳规范,不得堵塞电气开关或急救设备、消防器

材等。

（3）易燃、易爆等危险物品保持名称、标志完整清晰并隔离存放。

（4）堆置及移动物料时应小心谨慎，规范操作，保持平稳。

（5）仓库内严禁随意私拉乱扯电线、吸烟、使用明火等，并悬挂警示标识。

安全技术基础知识四
《煤矿安全规程》及安全生产标准化的相关规定

学习目标

1. 熟悉《煤矿安全规程》中的相关规定。
2. 熟悉安全生产标准化中的相关要求。

安全技术基础知识相关知识

一、《煤矿安全规程》对煤矿地面后勤服务作业人员作业的相关规定

（1）从事煤炭生产与煤矿建设的企业（以下统称煤矿企业）必须遵守国家有关安全生产的法律、法规、规章、规程、标准和技术规范。

煤矿企业必须加强安全生产管理，建立健全各级负责人、各部门、各岗位安全生产与职业病危害防治责任制。

煤矿企业必须建立健全安全生产与职业病危害防治目标管理投入、奖惩、技术措施审批、培训、办公会议制度，安全检查制度，安全风险分级管控工作制度，事故隐患排查、治理、报告制度，事故报告与责任追究制度等。

煤矿企业必须制定重要设备材料的查验制度，做好检查验收和记录，防爆、阻燃抗静电、保护等安全性能不合格的不得入井使用。

煤矿企业必须建立各种设备、设施检查维修制度，定期进行检查维修，并做好记录。

（2）煤矿企业必须设置专门机构负责煤矿安全生产与职业病危害防治管理工作,配备满足工作需要的人员及装备。

（3）煤矿建设项目的安全设施和职业病危害防护设施,必须与主体工程同时设计、同时施工、同时投入使用。

（4）对作业场所和工作岗位存在的危险、有害因素及防范措施、事故应急措施、职业病危害及其后果、职业病危害防护措施等,煤矿企业应履行告知义务,从业人员有权了解并提出建议。

（5）煤矿安全生产与职业病危害防治工作必须实行群众监督。煤矿企业必须支持群众组织的监督活动,发挥群众的监督作用。

从业人员有权制止违章作业,拒绝违章指挥;当工作地点出现险情时,有权立即停止作业,撤到安全地点;当险情没有得到处理不能保证人身安全时,有权拒绝作业。

从业人员必须遵守煤矿安全生产规章制度、作业规程和操作规程,严禁违章指挥、违章作业。

（6）煤矿企业必须对从业人员进行安全教育和培训。培训不合格的,不得上岗作业。

煤矿主要负责人和安全生产管理人员必须具备煤矿安全生产知识和管理能力,并经考核合格。特种作业人员必须按国家有关规定进行培训,取得资格证书后,方可上岗作业。

矿长必须具备安全专业知识,具有组织、领导安全生产和处理煤矿事故的能力。

（7）煤矿使用的纳入安全标志管理的产品,必须取得煤矿矿用产品安全标志。未取得煤矿矿用产品安全标志的,不得使用。

试验涉及安全生产的新技术、新工艺必须经过论证并制定安全措施;新设备、新材料必须经过安全性能检验,取得产品工业性试验安全标志。

严禁使用国家明令禁止使用或淘汰的危及生产安全和可能产生职业病危害的技术、工艺、材料和设备。

积极推广自动化、智能化开采,减少井下作业人数。

（8）煤矿企业在编制生产建设长远发展规划和年度生产建设计划

时,必须编制安全技术与职业病危害防治发展规划和安全技术措施计划。安全技术措施与职业病危害防治所需费用、材料和设备等必须列入企业财务、供应计划。

煤炭生产与煤矿建设的安全投入和职业病危害防治费用提取、使用必须符合国家有关规定。

(9)煤矿必须编制年度灾害预防和处理计划,并根据具体情况及时修改。灾害预防和处理计划由矿长负责组织实施。

(10)煤矿企业必须建立应急救援组织,健全规章制度,编制应急救援预案,储备应急救援物资、装备并定期检查补充。

煤矿必须建立矿井安全避险系统,对井下人员进行安全避险和应急救援培训,每年至少组织1次应急演练。

(11)煤矿企业应有创伤急救系统为其服务。创伤急救系统应配备救护车辆、急救器材、急救装备和药品等。

二、安全生产标准化对煤矿后勤服务作业人员作业的相关要求

地面办公场所应满足工作需要,办公设施及用品要齐全,确保通道畅通,环境整洁。

职工"两堂一舍"(食堂、澡堂、宿舍)设计合理、设施完备、满足需求,食堂工作人员持健康证上岗,满足高峰和特殊时段职工就餐需要;职工澡堂设计合理,澡堂管理规范,保障职工安全洗浴,满足职工洗浴要求;职工宿舍布局合理,宿舍人均面积满足需求,人均面积不少于 5 m²。

工业广场及道路设计应规范,环境清洁。

地面设备材料库符合设计规范,设备及材料验收、保管、发放管理规范。

基础设施齐全、完好,设有更衣室、浴室、厕所和值班室,设施齐全完好,有防滑、防寒、防烫等安全防护设施。

室内整洁,设施齐全、完好,物品摆放有序。

洗衣房设施齐全(洗、烘、熨),洗衣房、卫生间符合《工业企业设计卫生标准》的要求。

安全技术基础知识五 地面安全基本知识

学习目标

1. 掌握地面安全用电相关规定。

2. 掌握防灭火知识。

3. 熟悉火灾逃生知识。

4. 掌握食物防中毒知识。

安全技术基础知识相关知识

一、地面安全用电相关规定

1. 电气作业

(1) 作业人员不得穿戴潮湿的劳动保护用品,正确佩戴和使用绝缘用具。

(2) 电源线、插座、插头无破损。

(3) 检修时应在相应开关处悬挂"有人作业,禁止合闸"警示牌,禁止带电作业。

(4) 临时电缆(线)有防护措施,不得妨碍通行,有防止踩压措施,有可靠的接地。

2. 机电设备

(1) 用电设备设施有可靠的接地,有明显的连接点。

(2) 各种限位开关、仪表灵敏可靠,无裸露接头。

(3) 设备自身配电箱内清洁、无油污。

(4) 各种开关齐全、灵敏可靠,有急停开关。

(5) 电焊机一、二次接线柱有防护罩,电源线绝缘良好。

(6) 焊接变压器一、二次线圈间,绕组与外壳间的绝缘电阻不少于 $1\ M\Omega$。要求每半年至少应对焊机绝缘电阻遥测一次,记录齐全。

(7) 电焊机应单独设开关,电焊机外壳应做接地保护。电焊机两侧接线必须牢固可靠,并有可靠防护罩。

(8) 电焊把线应双线到位,不得借用金属管道、金属脚手架、结构钢筋等做回路地线。电焊线路应绝缘良好,无破损、裸露。电焊机应采取防埋、防浸、防雨、防砸措施。

3. 配电室

(1) 用电设备和电气线路周围应留有足够的安全通道和工作空间。电气装置附近不应堆放易燃、易爆和腐蚀性物品。

(2) 配电柜运行指示灯是否正常,低压配电电器操作机构应有"分""合"标志。

(3) 定期对电气设备、电工工具、器具进行安全检验或试验。电力安全用具应妥善保管,防止受潮、暴晒、脏污和损坏。电气设备保持性能完好,清洁无尘;工具齐全、整洁,摆放整齐。

(4) 室内应悬挂有操作规程和相关的制度。

(5) 配有消防器材,灭火器的种类为磷酸铵盐干粉灭火器、碳酸氢钠干粉灭火器、卤代烷灭火器或二氧化碳灭火器,但不得选用装有金属喇叭喷筒的二氧化碳灭火器。

(6) 电缆沟、进护套管应有防止小动物进入和防水措施。

(7) 检查站场有无临时性用电线路,是否采取保护措施。

(8) 配电室至少有 2 名持证操作人员,且必须有特种作业操作证件。

4. 配电箱(柜)

(1) 配电柜应设电源隔离开关及短路、过载、漏电保护电器;配电系统应配置电柜或总配电箱、分配电箱、开关箱,实行三级配电,逐级漏电保护;设备专用箱做到"一机、一闸、一箱、一漏",严禁一闸多机。

(2) 配电柜应编号,并应有用途标记;动力配电箱与照明配电箱宜分别设置;配电箱应保持整洁,不得堆放任何妨碍操作维修的杂物;移动式配电箱、开关箱的进、出线应采用橡皮护套绝缘电缆,不得有接头。

(3) 不得用其他金属丝代替熔丝。

(4) 配电箱、开关箱外形结构应能防雨、防尘;附近无障碍物,内部整洁无杂物、无积水。

（5）各种元件、仪表、开关与线路连接可靠，接触良好，无严重发热、烧损现象。

（6）箱体接地可靠；各配电箱内无裸露电缆接头，电线规整。

5. 手持电动工具

（1）所用插座和插头在结构上应保持一致，避免导电触头和保护触头混用。

（2）在潮湿场所或金属构架上严禁使用Ⅰ类手持式电动工具。

（3）手持式电动工具的外壳、手柄、插头、开关及负荷线等必须完好无损。

（4）使用手持式电动工具的作业人员，必须按规定穿戴绝缘防护用品。

（5）电源线不得有接头，应有可靠的接地措施。

（6）开关、插头完好，并与电动工具匹配。

（7）防护罩、盖或手柄无破裂、变形或松动。

6. 配电线路

（1）电线无老化、破皮。

（2）电缆主线芯的截面应当满足供电线路负荷的要求。电缆应当带有供保护接地用的足够截面的导体。

7. 现场照明

（1）灯具金属外壳要有接地保护。

（2）固定式照明灯具使用的电压不得超过 220 V；手灯或者移动式照明灯具的电压应当小于 36 V；在金属容器内作业用的照明灯具的电压不得超过 24 V。

8. 其他

（1）作业面上的电源线应采取防护措施，严禁拖地。

（2）电工作业应佩戴绝缘防护用品，持证上岗。

（3）应定期对漏电保护器进行检查。

（4）施工现场有高压线的，必须有具体方案的防护措施。

（5）宿舍用电严禁私拉乱接。

二、防灭火知识

（1）养成良好习惯，不要随意乱扔未熄灭的烟头和火种；不得在酒后、疲劳状态和临睡前在床上和沙发上吸烟。

（2）夏天点蚊香应放在专用的架台上，不能靠近窗帘、蚊帐等易燃物品。

（3）不随意存放汽油、酒精等易燃、易爆物品，使用时要加强安全防护。

（4）使用明火要特别小心，火源附近不要放置可燃、易燃物品。

（5）焊割作业火灾危险大，作业前要清除附近易燃、可燃物；作业中要有专人监护，防范高温焊屑飞溅引发火灾；作业后要检查是否遗留火种。

（6）一旦发现煤气泄漏，应迅速关闭阀门，打开门窗，切勿触动电气开关盒、使用明火，并迅速通知专业维修部门来处理。

（7）经常检查电气线路，防止老化、短路、漏电等情况，发现电气线路破旧老化应及时修理更换。

（8）电路保险丝（片）熔断，切勿用铜丝、铁丝代替，提倡安装自动空气开关。

（9）不能超负荷用电，不乱拉乱接电线。

（10）离开住处或睡觉前要检查用电器具是否断电，总电源是否切断，燃气阀门是否关闭，明火是否熄灭。

（11）切勿在走廊、楼梯口、消防通道等处堆放杂物，要保证通道和安全出口畅通。

三、火灾逃生知识

虽然火灾发生有很大的偶然性，但是一旦发生火灾，在浓烟毒气和烈焰包围下，不少人葬身火海，但也有人幸免于难。面对滚滚浓烟和熊熊烈焰，只有冷静机智运用火场自救与逃生知识，才有可能挽救自己的生命。

（1）逃生预演，临危不乱。从业人员对自己工作、学习或居住所在的建筑物的结构及逃生路径要做到了然于胸，必要时可集中组织应急逃生预演，使大家熟悉建筑物内的消防设施及自救逃生的方法。

（2）熟悉环境，暗记出口。当你住酒店、商场购物、进入娱乐场所时，务必留心疏散通道、安全出口及楼梯方位等，以便关键时候能尽快逃离现场。

（3）通道出口，畅通无阻。楼梯、通道、安全出口等是火灾发生时最重要的逃生通道，应保证畅通无阻，切不可堆放杂物或设闸上锁。

（4）保持镇静，明辨方向，迅速撤离。发生火灾时，不要惊慌，要听从疏散人员的安排，沿逃生通道有序撤离火场。

四、食物防中毒知识

凡是吃了被细菌（如沙门氏菌、葡萄球菌、大肠杆菌、肉毒杆菌等）及其毒素污染的食物，或是含有毒性化学物质的食品，或是食物本身含有自然毒素，所引起的急性中毒性疾病，都叫食物中毒。如食用河豚、有毒贝类、亚硝酸盐类、毒蘑菇、霉变甘蔗、未加热透的豆浆、菜豆和发芽的土豆等引起的中毒。

1. 食物中毒的特点

（1）发病呈暴发性，潜伏期短，来势急剧，短时间内可能有多数人发病。

（2）中毒病人具有相似的临床症状。常常出现恶心、呕吐、腹痛、腹泻等消化道症状。

（3）发病与食物有关。患者在近期内都食用过同样的食物，发病范围局限在食用该类有毒食物的人群，停止食用该食物后发病很快停止。

（4）食物中毒病人对健康人不具有传染性。

2. 中毒症状

食物中毒者最常见的症状是剧烈的呕吐、腹泻，同时伴有中上腹部疼痛，常会因上吐下泻而出现脱水症状，如口干、眼窝下陷、皮肤弹性消失、肢体冰凉、脉搏微弱、血压降低等，甚至会导致休克。食物中毒多发生在气温较高的夏秋季，其他季节也会有集体中毒发生（如发生在食堂及宴会上）。

3. 急救措施

一旦有人出现上吐下泻、腹痛等食物中毒，千万不要惊慌失措，要

冷静地分析发病的原因,针对引起中毒的食物以及吃下去的时间长短,及时采取以下应急措施:

(1) 催吐。如食物吃下去的时间在 1~2 h 内,可采取催吐的方法。

(2) 导泻。如食物吃下去的时间超过 2 h,且精神尚好,则可服用泻药,促使中毒食物尽快排出体外。

(3) 解毒。如果是吃了变质的鱼、虾、蟹等引起的食物中毒,可采取稀释、中和的解毒方法进行解毒。

如果经上述急救,病人的症状未见好转,或中毒较重者,应尽快送医院治疗。在治疗过程中,要给病人以良好的护理,尽量使其安静,避免精神紧张,注意休息,防止受凉,同时补充足量的淡盐开水。控制食物中毒的关键在于预防,搞好饮食卫生,防止"病从口入"。

模块二　后勤服务作业安全操作技能

安全操作技能一　各岗位"双述"

学习目标

1. 了解炊事员岗位"双述"。
2. 了解门卫岗位"双述"。
3. 了解宿舍管理员岗位"双述"。
4. 了解洗衣工岗位"双述"。
5. 了解地面卫生工岗位"双述"。
6. 了解澡堂管理员岗位"双述"。
7. 了解设备、材料管理员岗位"双述"。
8. 了解仓库管理员岗位"双述"。

安全操作技能相关知识

一、炊事员岗位"双述"

1. 岗位描述

欢迎领导光临检查指导工作,我叫×××,是×煤矿职工食堂炊事员,欢迎您检查指导工作。

(1) 我的工作职责是:干好本职工作,让职工按时吃上卫生可口的饭菜。

(2) 我的操作要领是:仪表端正、衣帽整洁、开工洗手、餐具清洁、饭菜可口、品种多样、质量可靠、诚信服务。

报告完毕,请领导指示!

2.手指口述(交接班)

(1)交:(敬礼)你好。

接:(敬礼)你好,你辛苦了,请交接。

(2)交:请检查地板、案子、墩子、灶台卫生情况。

接:整体卫生干净,地板、案子、墩子、灶台没有卫生死角。

(3)交:注意地板滑,干活时要小心,防止滑倒摔伤,墩子、案子干完活擦干净,把墩子立起来。

接:谢谢,一定按操作规程操作。

(4)交:请签字。

接:同意签字。

手指口述完毕,请领导指示!

二、门卫岗位"双述"

1.岗位描述

领导您好,欢迎检查指导工作:我叫×××,是×单位门卫。经过专业技术培训考试合格后,取得培训合格证,持证上岗。负责本单位大门的值守工作。

本岗位描述完毕,请领导指示!

2.手指口述

(1)负责大门区域内的卫生,保持清洁,无杂物、杂草、垃圾。

(2)按要求严格控制外出人员所带物品,所有带出物品须持领导签批的放行条后方可放行,不得徇私情将物品放出。

(3)工作时间内不得缺脱岗、串岗、打瞌睡,需在大门区域内不断巡查,大门处不得有人员聚集,及时发现大门内外的特殊情况并及时报告。保持警惕,以防偷窃或其他事件的发生。

(4)注重仪表,态度端正,对待进出员工和外来人员不卑不亢、言行得体。

(5)每天工人下班后,检查各部门关闭门窗、设备情况,并做好记录。

(6)高质量、高标准完成各级领导交办的其他临时性工作。

手指口述完毕,请领导指示!

三、宿舍管理员岗位"双述"

1. 岗位描述

领导您好,欢迎检查指导工作。我叫×××,是×单位宿舍管理员。经过专业技术培训考试合格后,取得培训合格证,持证上岗。负责本单位宿舍日常管理工作。

本岗位描述完毕,请领导指示!

2. 手指口述

(1)坚守岗位,工作认真,热情服务,耐心细致做好职工住宿管理工作;服从安排,听从指挥,积极主动开展工作。

(2)认真做好楼栋巡查,发现职工违规违纪行为要及时制止,并做好记录,对不听劝阻的职工要及时向其所在区队反映。

(3)对分管宿舍区的公共区域的卫生进行清扫和保洁。

(4)负责宿舍楼内财产管理,杜绝"长明灯、长流水"现象。坚持检查各房间公共财物使用情况,做好公共财物验收、发放、清查、保管等工作。

(5)做好住宿职工日常住宿纪律管理工作。

(6)高质量、高标准完成各级领导交办的其他临时性工作。

手指口述完毕,请领导指示!

四、洗衣工岗位"双述"

1. 岗位描述

领导您好,欢迎检查指导工作。我叫×××,是×单位洗衣工。经过专业技术培训考试合格后,取得培训合格证,持证上岗。负责本单位职工衣服清洗工作。

本岗位描述完毕,请领导指示!

2. 手指口述

(1)服从生产指挥,遵守劳动纪律,坚守工作岗位,严格执行地面一般安全规定、安全技术操作、洗衣作业等各项规章制度。

(2)操作洗衣机应严格执行洗衣机的操作规程及注意事项,以防发生人身或设备事故。

（3）对分管责任区的公共区域的卫生进行清扫和保洁。

（4）对职工的衣服做好记录，以防职工衣服丢失。送来的衣物应及时清洗干净，不得丢失和错发。

（5）爱护保管好洗衣设备和耗材，不得损坏、丢失。

（6）高质量、高标准完成各级领导交办的其他临时性工作。

手指口述完毕，请领导指示！

五、地面卫生工岗位"双述"

1. 岗位描述

领导您好，欢迎检查指导工作。我叫×××，是×单位地面卫生工。经过专业技术培训考试合格后，取得培训合格证，持证上岗。负责本单位地面卫生清洁工作。

本岗位描述完毕，请领导指示！

2. 手指口述

（1）上岗前，穿好工作服，佩戴好工作标识，带好工具，检查是否安全完好，工作服必须整洁，工作牌完整。

（2）路面干净，无纸屑、落叶、积水，广告牌干净明亮，垃圾箱做到不满不冒。

（3）对分管责任区的公共区域的卫生进行清扫和保洁。

（4）尽量在职工上班前完成公共路面清洁，要注意行人和来往车辆，作业时不扬尘，雨天积水严重时先推水后清扫，垃圾污物及时清运，垃圾箱要擦拭干净，擦拭广告牌要注意安全。

（5）清扫完后要在各自区域巡回保洁，及时清理垃圾。

（6）高质量、高标准完成各级领导交办的其他临时性工作。

手指口述完毕，请领导指示！

六、澡堂管理员岗位"双述"

1. 岗位描述

领导您好，欢迎检查指导工作。我叫×××，是×单位澡堂管理员。经过专业技术培训考试合格后，取得培训合格证，持证上岗。负责本单位澡堂日常管理工作。

本岗位描述完毕，请领导指示！

2.手指口述

（1）负责责任区卫生清理，做好责任区的防滑、防烫、防冻、消防、用电、公共场所应急安全设施检查维护。

（2）坚守工作岗位，工作时间严禁脱岗，按规定时间放水，水温适中，看护好澡堂内各种设施，对损坏澡堂公物的行为要敢于制止，并报告值班人员。

（3）负责澡堂内的卫生打扫，池内外要经常打扫干净，定期消毒，保持良好的卫生环境。

（4）制止在澡堂浴池内洗各种衣物，如有违反要制止并报告，严格按照有关制度落实处罚。

（5）按规定穿戴劳动保护用品，做好综合防护。

（6）高质量、高标准完成各级领导交办的其他临时性工作。

手指口述完毕，请领导指示！

七、设备、材料管理员岗位"双述"

1.岗位描述

领导您好，欢迎检查指导工作。我叫×××，是×单位设备、材料管理员。经过专业技术培训考试合格后，取得培训合格证，持证上岗。负责本单位设备、材料日常管理工作。

本岗位描述完毕，请领导指示！

2.手指口述

（1）遵守仓库的各项管理制度，坚守工作岗位，做好本职工作。

（2）建立设备台账，办理日常设备、材料的领用、发放、交接验收手续。

（3）负责设备、材料的检修、更换记录以及相应的账目、卡片、牌板的变动管理。

（4）负责管理范围各区域内设备、材料的检查、核对和设备的现场跟踪管理。

（5）负责新进设备的验收、外委修理及设备借用的申请报告等工作，负责联系、提运及账目和手续的办理。

（6）高质量、高标准完成各级领导交办的其他临时性工作。

手指口述完毕,请领导指示!

八、仓库管理员岗位"双述"

1. 岗位描述

领导您好,欢迎检查指导工作。我叫×××,是×单位仓库管理员。经过专业技术培训考试合格后,取得培训合格证,持证上岗。负责本单位仓库日常管理工作。

本岗位描述完毕,请领导指示!

2. 手指口述

(1)做好日常仓库管理工作,严格执行物资的保管、保养制度,及时准确地发放物资。

(2)做好库存物资的维护保养工作。

(3)按照手续齐备的领料单及时准确地发放物资。对生产急需出库的物资,要督促有关人员在规定时间内补办正式手续。

(4)建立各单位个人工具、公用工具等台账,对发放物资做到心中有数。

(5)按时完成物资领料单的汇总工作,对每月发生的各种单据要进行整理、装订、妥善保管并建立台账,出具收支存报表。

(6)高质量、高标准完成各级领导交办的其他临时性工作。

手指口述完毕,请领导指示!

安全操作技能二
各岗位安全技术操作规程

学习目标

1. 掌握炊事员岗位安全技术操作规程。

2. 掌握门卫岗位安全技术操作规程。

3. 掌握宿舍管理员岗位安全技术操作规程。

4. 掌握洗衣工岗位安全技术操作规程。

5. 掌握地面卫生工岗位安全技术操作规程。

6. 掌握澡堂管理员岗位安全技术操作规程。

7. 掌握设备、材料管理员岗位安全技术操作规程。

8. 掌握仓库管理员岗位安全技术操作规程。

安全操作技能相关知识

一、炊事员岗位安全技术操作规程

(1) 炊事员必须正确穿戴好防护用品，讲究公共和个人卫生，工作时间不准吸烟、喝酒，严禁赤膊、赤脚，严禁有传染病的人进入食堂。

(2) 遵守劳动纪律。做切菜、磨刀等工作时，思想要集中，不得边工作边谈笑，防止划、碰、挤、压、砸、割、打、烫、烧伤。

(3) 用油炸食物时，油温不得过高，防止着火；用器皿盛汤、稀饭等时，不得过满，防止烫伤；抬搬东西，要协同配合，确保安全可靠后方可操作。

(4) 使用碱和明矾等物时，要妥善保管，不准乱放，更不准放在炉灶上或炉灶附近，防止误用。

(5) 使用机械设备(切菜机、馒头机、和面机、压面机等)，严格按照操作规程，严禁违章操作。

(6) 对设备操作不熟练者，不准单独操作。

(7) 工作时，对设备传动部位、电气部分、防护装置、所用工具等必须全面进行检查，确保完好。如有问题，要及时处理，否则不准开机。

(8) 操作时精神要集中。女同志发辫要放在帽子内，不准飘散在外。

(9) 操作切菜机时，不准用手接触刀刃部分，以免伤手。

(10) 使用馒头机、和面机、蒸饭机时，应注意手的安全，以免发生危险。

(11) 工作完毕应切断电源，将设备冲洗干净，收拾工具，保持工作环境整洁干净。

二、门卫岗位安全技术操作规程

（1）上班期间，员工外出需凭部门领导签批的放行条，门卫应认真检查确认无误后方可放行并做好登记。

（2）上班期间，所有员工不得因私人原因接待来访。对于因公办事的人员做好登记工作，经同意后方可进入单位。

（3）外来车辆必须指引到指定位置停放，大门处不得停放任何车辆或堆放物品。

（4）负责大门区域内的卫生，保持清洁，确认无杂物、杂草、垃圾等。

（5）按要求严格检查外出人员所带物品，所有带出物品须持领导签批的放行条，不得徇私情将物品放出。

（6）工作时间内不得缺脱岗、串岗，打瞌睡，需在大门区域内不断巡查，大门处不得有人员聚集，发现大门内外的特殊情况应及时报告，保持警惕，以防偷窃或其他事件的发生。

（7）注重仪表、态度端正，对待进出员工和外来人员不卑不亢、言行得体。

（8）每天工人下班后，检查各部门门窗、设备是否关闭，并做好记录。

三、宿舍管理员岗位安全技术操作规程

1. 坚守岗位

工作认真、服务热情、耐心细致地做好职工住宿管理工作；服从安排，听从指挥，积极主动开展工作。

2. 安全管理

（1）认真做好楼栋巡查，发现职工有违规违纪行为应及时制止，并做好记录，对不听劝阻的职工要及时向其所在区队反映。

（2）密切关注职工思想动态，发现职工宿舍中存在的安全隐患或不良苗头应及时报告，并积极配合相关部门妥善处理。

（3）工作中应及时排查安全隐患，并及时汇报整改。积极做好安全大检查等各项安全活动。

（4）防火、防盗、防携带管制刀具进入职工宿舍，防乱接、乱拉电

线,确保现场安全。加强对职工宿舍内大功率电器和使用明火的管理,对查处到违章用电或使用明火的宿舍要及时制止并记录在案。经常对宿舍内门、窗、床等寝具进行检查。注意观察男职工是否有管制刀具、铁棒、啤酒瓶等违禁物品并及时督促清理。

(5) 常查常巡,教育职工加强自我安全防范意识,减少宿舍失窃事件的发生。

(6) 防止外来人员入内、留宿。

(7) 出现突发事件、刑事或治安案件、灾害事故,要及时处置、及时报告保卫部门,并注意保护现场,采取积极有效措施,确保职工人身和财产安全。

3. 卫生管理

(1) 对分管宿舍区的公共区域的卫生进行清扫和保洁。

(2) 每天清扫宿舍楼周围、公共区域的卫生。每天按时清走垃圾,并送到指定的堆放场地;每天用抹布擦拭楼梯扶手、消防器材盒、开关盒、栏杆、墙裙一次。做到地上无积水、无垃圾、无痰迹;顶棚和墙壁无灰尘、无蜘蛛网、无污垢;厕所无异味。

(3) 监督职工不随地吐痰,不乱丢垃圾和废弃物,保持良好卫生环境。

(4) 工具房要保持整齐清洁,废弃物应及时处理。

(5) 坚持检查各宿舍环境卫生。

(6) 经常与职工交流,调动职工搞好卫生的积极性。做好检查评比和公布等工作。

4. 公物财产管理

(1) 负责宿舍楼内财产管理,杜绝"长明灯、长流水"现象。坚持检查各房间公共财物使用情况,做好公共财物验收、发放、清查、保管等工作。

(2) 做好职工爱护公物的宣传教育。对违反规定的职工进行批评教育。

(3) 出现人为损坏、丢失宿舍物品、设施的,要及时按规定监督维修或赔偿。

（4）做好职工宿舍的维修报修工作以及登记、检查、核实工作。

5.纪律管理

（1）负责管理职工在宿舍区时的纪律，严禁在宿舍区发生矛盾纠纷和喝酒打架事件。

（2）做好住宿职工日常住宿纪律管理工作。

（3）阻止在宿舍内吸毒、喝酒、赌博等行为。

（4）对违纪职工及时进行制止、教育，做好记录（房号、所在区队、姓名、违纪情况）并及时上报所在区队。

6.日常管理

（1）认真做好住宿职工的信息收集和反馈工作，及时更新分管楼栋的住宿数据，确保数据与实际情况相符。熟悉分管宿舍区的布局及各系统、各区队的住宿情况。

（2）认真做好每天巡查工作，巡查记录须填写工整，事实准确、翔实。

（3）执行领导下达的临时性工作任务，及时完成领导交办的各种任务。

（4）教育职工在宿舍内文明住宿。制止职工乱丢、乱泼、乱倒、破坏公物、酗酒、私藏凶器、打架斗殴、熄灯后起哄等不良行为。

四、洗衣工岗位安全技术操作规程

（1）服从生产指挥，遵守劳动纪律，坚守工作岗位，严格执行地面一般安全规定、安全技术操作、洗衣作业等各项规章制度。

（2）操作洗衣机应严格执行洗衣机的操作规程及注意事项，以防发生人身或设备事故。

（3）要对职工的衣服做好记录，以防职工衣服丢失。

（4）送来的衣物应及时清洗干净，不得丢失和错发。

（5）爱护保管好洗衣设备和耗材，不得损坏、丢失。

（6）合理使用洗涤剂，减少消耗、不浪费。

（7）搞好安全文明生产。

五、地面卫生工岗位安全技术操作规程

（1）上岗前，穿好工作服，佩戴好工作标识，带好工具，检查是否安全完好,工作服必须整洁,工作牌必须完整。

(2)尽量在职工上班前完成公共路面清洁,要注意行人和来往车辆,作业时不扬尘;雨天积水严重时先推水,后清扫;垃圾污物及时清运,垃圾箱要擦拭干净,擦拭广告牌要注意安全。

(3)保持路面干净,无纸屑、无落叶、无积水,广告牌干净明亮,垃圾箱做到不满不冒。

(4)清扫完后要在各自区域巡回保洁,及时清理垃圾。

六、澡堂管理员岗位安全技术操作规程

(1)必须经常检查供水、供汽管道阀门,防止漏水、漏汽。

(2)注意设备运转情况,发现问题立即停机处理。

(3)水温保持适宜,禁止过高或过低。

(4)洗浴室做到无滑渍、无皂渍、无杂物,保证四壁干净。

(5)更衣室内要保持清洁干净。

(6)浴室更换灯泡时,必须切断电源。

(7)登高作业要按规定使用保险带;用梯子时,要有专人扶持。

(8)电气设备出现故障,要迅速报告有关人员处理。

七、设备、材料管理员岗位安全技术操作规程

(1)熟悉有关物资管理的各项制度,遵守相关规定及制度,并按有关规定管理设备、材料。

(2)负责物品的领用及发放管理。建立并完善进出料台账、入库发货台账,随时掌握设备、材料的库存或使用情况,保证设备、材料完好。

(3)库存物资的保管以物资的安全为第一要务,确保库存物资的质量、数量;对已报废、变质、超过使用期限的物资要另行放置,及时上报处理。

(4)设备、材料库房要注意防火、防盗,保持库内清洁、卫生和通风。

(5)库存设备、材料要做到账物相符,每月进行一次盘点、对账,发现账物不符要及时查明,写出书面报告,会同有关人员按照规定做出相应处理。

（6）库存设备、材料要做到堆放有序、存取方便、整齐美观,危险品要单独存放或进行隔离存放。根据不同种类、特性、规格等进行区分存放,未经许可不得私自更改存放区域。

（7）库存设备、材料及配件要按类别入库、出库,建立账册,账册要保管妥当,归类管理,留存备查。

（8）认真填写各种单据,保证信息真实、无误。

（9）严禁上班时间脱岗、睡觉,严禁做与工作无关的事。

八、仓库管理员岗位安全技术操作规程

（1）认真执行"安全第一、预防为主、综合治理"的安全生产方针。

（2）仓库管理员应熟悉灭火器材的位置和使用方法。

（3）严格遵守物资入库验收制度,对入库的物资要按名称、规格、数量、质量做到认真检查登记。

（4）严格物资保管制度,对库存物资做到布局合理、存放整齐,要达到标记明确、对号入座、摆设分层码放、整洁美观,对易燃、易爆、易潮、易腐烂及剧毒危险物品应存放在专用仓库中或隔离存放,定期检查,做到勤检查、勤整理、勤清点、勤保养。

（5）存放危险品的仓库不得同时存放性质相抵触的物品和其他物品,不得超过规定的储存数量。

（6）存放危险品的仓库必须严格执行安全管理制度,收存和发放危险化学物品必须严格执行收发登记制度。

（7）非仓库管理人员不得随意入内,严禁烟火。

（8）不得私自离岗;有事外出,应委托好他人临时看守。

（9）库内及场所必须做好清洁工作。

（10）危险品仓库内存放危险化学品时应遵守以下规定:

① 仓库与四周建筑物必须保持相应的安全距离,不准堆放任何可燃材料。

② 危险化学品入库前必须进行验货清查。

③ 仓库内严禁烟火,并禁止携带火种、避免产生火花。在明显的地点应有警告标志。

④ 加强货物入库验收和平时的检查制度,卸载、搬运危险化学品

时应轻拿轻放,防止剧烈震动、撞击和重压,确保危险化学品的储存安全。

⑤ 危险化学品的废弃物,必须按规定地点进行分类存放,定期处理。

(11) 在下班前要对库房内外进行检查,做到人走灭灯,关闭好库房大门。

模块三　后勤服务作业典型事故案例

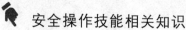 学习目标

1. 了解后勤服务作业典型事故案例。

2. 增强职工安全意识,提高安全操作技能,吸取事故教训,防止同类事故发生。

安全操作技能相关知识

案例一　清倒垃圾踏空台阶摔倒

1. 事故经过

2016 年 5 月 25 日早班,后勤人员张某、李某两人一起清倒垃圾。在澡堂二楼东楼梯口下楼梯时不小心踩空台阶,失去平衡后手按在楼梯地板砖上,导致左手中指划破,伴有少量出血。

2. 原因分析

(1) 后勤人员张某在工作中安全意识差,工作期间注意力不集中,造成踏空摔倒,是发生事故的直接原因。

(2) 后勤人员李某作为张某的安全作业伙伴,未能及时提醒张某,是导致事故发生的间接原因。

(3) 当班班长万某作为现场安全生产第一责任人,未做到安全监督和安全提醒,是导致事故的间接原因。

(4) 后勤支部书记周某作为后勤部门安全管理第一责任人,对职工安全教育不到位,是导致事故的又一间接原因。

3. 防范措施

(1) 班前会要根据当班工作内容和性质,详细安排工作,责任到

人,充分考虑作业期间所能出现的安全问题,安全危险预知要全面,防患于未然。

(2) 做好互保联保安全工作,班组长、安全伙伴及时关注并发现危险源,提醒安全规范操作,消除隐患,避免受伤。

(3) 进一步加强员工的安全教育培训,提高员工的安全操作意识,对可能发生危险的不规范操作、不规范行为在源头上进行杜绝。

(4) 各单位应吸取本次事故教训,加强职工安全教育,提高安全防范意识,对各岗位作业人员岗前危险预知进行学习,杜绝此类事故再次发生。

案例二 踩翻水沟盖板崴伤右脚

1. 事故经过

2017 年 8 月 16 日早班,食堂厨师郑某到工作台下配菜时,没有注意观察脚下,右脚踩翻水沟盖板,掉到水沟里,造成右脚崴伤,脚踝处轻微擦伤。

2. 原因分析

(1) 食堂水沟盖板没有加盖牢固,有倾斜现象,是导致本次事故的主要原因。

(2) 厨师郑某没有对现场的安全环境进行确认,走动时没有注意脚下安全,自主安全意识不强,是导致本次事故的另一原因。

3. 防范措施

(1) 要对食堂工作场所的水沟盖板牢固情况逐一排查,发现隐患应及时处理。

(2) 管理人员在班前会要对作业现场安全隐患进行排查,强调到位。

(3) 现场负责人要加强现场管理,对现场出现的隐患要及时排除,及时处理。

(4) 员工个人要加强自主安全意识,工作前要查看现场环境,确保安全并相互提醒。

案例三　脚手架搭设不牢擦伤胳膊

1. 事故经过

2017 年 9 月 13 日早班，当班班长张某、职工李某在职工澡堂门口处吊顶上面给暖气管子除锈刷漆。李某站在上面操作，班长张某在下面监护，由于脚手架搭设不规范、不牢靠，当日 9:45 左右暖气管子上绑的 U 型绳断开，致使李某滑落在墙壁上，造成左上臂表皮擦伤。

2. 原因分析

（1）职工李某安全意识淡薄，在工作前对暖气管道上原有的绳子检查不到位，没有认真核实绳子的强度。在架板上工作期间绳子突然断开，致使本人从架板上滑落，是事故发生的直接原因。

（2）当班班长张某作为现场安全生产第一责任人，未起到现场安全监督和安全提醒作用，是导致事故发生的间接原因。

（3）分管澡堂的吴某没有第一时间去现场指导，是事故发生的又一间接原因。

3. 防范措施

（1）要进一步加强员工的安全教育培训，提高员工的安全作业意识，规范登高作业行为，搭设脚手架要牢固可靠。

（2）做好互保联保安全工作，提高安全意识，班组长、安全伙伴应及时提醒安全规范操作。

（3）班前会要根据当班工作内容和性质，详细安排工作，做到责任到人；对于重点难点工作，分管管理人员要在现场监督指导。

案例四　打扫卫生不小心被挡鼠板绊倒

1. 事故经过

2018 年 3 月 26 日 21:10 左右，食堂员工孙某在食堂后厨打扫卫生。途径后厨西侧大门时，过挡鼠板时孙某不慎被绊倒，其左右小腿两处表皮被擦破。

2. 原因分析

（1）因为是新增设的挡鼠板，职工对新设的挡鼠板不适应，思想麻痹大意,习惯性走路是此次绊倒的直接原因,也是主要原因。

(2) 值班人员没有在班前会上交代过挡鼠板时应注意的事项,是员工绊倒的次要原因。

(3) 食堂管理不到位,挡鼠板日常没有规范使用也是本次事故的次要原因。

3. 防范措施

(1) 规范挡鼠板的使用,重点强调工作期间过挡鼠板时应注意观察。

(2) 班前会加强对食堂员工的教育提醒,并有针对性地讲解过挡鼠板注意事项。

(3) 食堂加强管理,提高员工自主安全意识和能力。

附　录

附件1　地面生产保障作业实操考试考核表

考试时间：30分钟

单位：＿＿＿＿＿　姓名：＿＿＿　得分：＿＿＿

项目	操作要求	分值	扣分	得分
一、环境评估(2分)	做好自我保护：观察周围环境(1分)；口述：环境安全(1分)	2		
二、判断与准备(15分)	(1)快速到达患者右侧身旁,拍患者双肩(1分)；分别对双耳呼喊(1分)：喂！你怎么啦？重呼轻拍	2		
	(2)判断病人： ① 正确触摸颈动脉：以患者咽喉为顶点标志(2分),食指和中指沿甲状软骨向侧下方滑动2~3 cm,至胸锁乳突肌凹处(2分)；检查有无动脉搏动,时间不超过10 s(2分)。 ② 判断呼吸：耳听有无呼吸声(1分)；眼睛观察胸廓有无起伏(1分)。 ③ 口述病人情况(2分)：患者无意识,颈动脉搏动消失,无正常呼吸,马上进行心肺复苏	10		
	(3)立即大声呼救："快来人啊,抢救病人"(1分)	1		
	(4)体位：置患者仰卧位于硬质地板或床板上,可口述(1分)；解开患者上衣腰带,暴露前胸(1分)	2		
三、胸外心脏按压"C"(37分)	定位方法正确(10分)： 方法一：抢救者将一手中指沿病人一侧的肋弓向上滑移至双侧肋弓的汇合点,中指定位于此处,食指紧贴中指并拢；另一手的掌根部紧贴食指平放,使掌根的横轴与胸骨的长轴重合。此掌根部即为按压区 方法二：两乳头之间胸骨正中部	10		

续表

项目	操作要求	分值	扣分	得分
三、胸外心脏按压"C"（37分）	按压手法、姿势正确：双手掌完全重叠（3分）；十指相扣（3分）；掌心手指翘起（3分）；两臂关节伸直并与按压部位呈垂直方向（3分）。按压深度至少5 cm（3分），压下与松开的时间基本相等（3分）；按压频率至少100次/分钟（6分）；胸外按压：人工呼吸＝30：2（3分）	27		
四、开放气道"A"（13分）	将患者头偏向一侧（1分），用无菌纱布迅速清除口鼻分泌物（2分）；如果有活动假牙一并清除（2分）	5		
	仰头抬颌法（8分）：一手置于患者前额部向下按压使头部后仰（3分）；另一手的食指、中指置于下颌骨部向上抬颌（3分），使下颌尖、耳垂连线与地面垂直（2分）	8		
五、口对口人工呼吸"B"（24分）	(1) 保持气道通畅后,抢救者用一只手的拇指和食指捏住病人的鼻翼,并用手掌根按住病人前额；另一只手固定病人下颌,开启口腔（6分） (2) 吸一口气后双唇紧贴病人的口部用力吹气,使胸廓抬起,吹气时观察胸廓的起伏（胸廓起伏为有效）。每次吹气时间不少于1 s（12分） (3) 吹气完毕,松开口鼻,使病人的肺和胸腔自行回缩,将气体排出,然后重复吹气1次（6分）	24		

项目	操作要求	分值	扣分	得分
六、评估 (5分)	评估(操作并口述): ① 意识恢复(1分); ② 有自主呼吸(1分); ③ 触及大动脉搏动(1分); ④ 瞳孔由大变小(1分); ⑤ 面色、口唇红润、皮温变暖(1分)	5		
七、终末 质量 (4分)	① 操作熟练、正确、有效; ② 关心爱护病人; ③ 污物处置恰当	4		
总分		100		

说明:以一个周期为考核要求,5个循环为一个周期。

考核人:_____   考核时间:___年 __月 __日

附件 2　其他管理作业实操考试考核表

考试时间：30 分钟

单位：＿＿＿＿＿　姓名：＿＿＿＿　得分：＿＿＿＿

考试项目	操作内容与步骤	考试方式	分值	评分标准	扣分原因	扣分数
一、岗位"双述"	手指口述或岗位描述本职工作岗位的职责内容	手指口述或岗位描述	30	考核内容只需随机选取 1 项即可。缺少或回答错误按 4 分/条进行扣分		
二、工作标准	（1）政工管理岗位工作标准； （2）财务管理岗位工作标准； （3）企业管理岗位工作标准； （4）档案管理岗位工作标准； （5）人力资源管理岗位工作标准； （6）行政办公管理岗位工作标准； （7）核算员岗位工作标准	手指口述	32	考核内容只需随机选取 1 项即可。手指口述每缺 1 处或 1 处不正确扣 4 分		
三、自救器的使用与创伤急救训练	（1）自救器的使用： ① 化学氧自救器的使用。 ② 压缩氧自救器的使用	实物操作＋手指口述	8	考核内容只需随机选取 1 项即可。操作或手指口述每缺 1 处或 1 处不正确扣 2 分		

续表

考试项目	操作内容与步骤	考试方式	分值	评分标准	扣分原因	扣分数
三、自救器的使用与创伤急救训练	(2) 创伤急救： ① 心肺复苏； ② 止血； ③ 创伤包扎； ④ 骨折临时固定和伤员搬运； ⑤ 对不同伤员的现场急救	实物操作＋手指口述	30	考核内容只需随机选取2项即可。操作或手指口述每缺1处或1处不正确扣2分		
合计得分			100			

考核人：_____　　考核时间：_____年___月___日

附件3　后勤服务作业实操考试考核表

考试时间:30分钟

单位:＿＿＿＿＿　姓名:＿＿＿＿　得分:＿＿＿＿

项目	操作要求	分值	扣分	得分
一、环境评估(2分)	做好自我保护:观察周围环境(1分); 口述:环境安全(1分)	2		
二、判断与准备(15分)	(1) 快速到达患者右侧身旁,拍患者双肩(1分);分别对双耳呼喊(1分):喂! 你怎么啦? 重呼轻拍	2		
	(2) 判断病人: ① 正确触摸颈动脉:以患者咽喉为顶点标志(2分),食指和中指沿甲状软骨向侧下方滑动2～3 cm,至胸锁乳突肌凹处(2分);检查有无动脉搏动,时间不超过10 s(2分)。 ② 判断呼吸:耳听有无呼吸声(1分);眼睛观察胸廓有无起伏(1分)。 ③ 口述病人情况(2分):患者无意识,颈动脉搏动消失,无正常呼吸,马上进行心肺复苏	10		
	(3) 立即大声呼救:"快来人啊,抢救病人"(1分)	1		
	(4) 体位:置患者仰卧位于硬质地板或床板上,可口述(1分);解开患者上衣腰带,暴露前胸(1分)	2		
三、胸外心脏按压"C"(37分)	定位方法正确(10分): 方法一:抢救者将一手中指沿病人一侧的肋弓向上滑移至双侧肋弓的汇合点,中指定位于此处,食指紧贴中指并拢;另一手的掌根部紧贴食指平放,使掌根的横轴与胸骨的长轴重合。此掌根部即为按压区 方法二:两乳头之间胸骨正中部	10		

· 257 ·

项 目	操作要求	分值	扣分	得分
三、胸外心脏按压"C"（37分）	按压手法、姿势正确：双手掌完全重叠（3分）；十指相扣（3分）；掌心手指翘起（3分）；两臂关节伸直并与按压部位呈垂直方向（3分）。按压深度至少5 cm（3分），压下与松开的时间基本相等（3分）；按压频率至少100次/分钟（6分）；胸外按压：人工呼吸＝30：2（3分）	27		
四、开放气道"A"（13分）	将患者头偏向一侧（1分），用无菌纱布迅速清除口鼻分泌物（2分）；如果有活动假牙一并清除（2分）	5		
	仰头抬颌法（8分）：一手置于患者前额部向下按压使头部后仰（3分）；另一手的食指、中指置于下颌骨部分向上抬颌（3分），使下颌尖、耳垂连线与地面垂直（2分）	8		
五、口对口人工呼吸"B"（24分）	（1）保持气道通畅后，抢救者用一只手的拇指和食指捏住病人的鼻翼，并用手掌根按住病人前额；另一只手固定病人下颌，开启口腔（6分）	24		
	（2）吸一口气后双唇紧贴病人的口部用力吹气，使胸廓抬起，吹气时观察胸廓的起伏（胸廓起伏为有效）。每次吹气时间不少于1 s（12分）			
	（3）吹气完毕，松开口鼻，使病人的肺和胸腔自行回缩，将气体排出，然后重复吹气1次（6分）			

项目	操作要求	分值	扣分	得分
六、评估 (5分)	评估(操作并口述): ① 意识恢复(1分); ② 有自主呼吸(1分); ③ 触及大动脉搏动(1分); ④ 瞳孔由大变小(1分); ⑤ 面色、口唇红润、皮温变暖(1分)	5		
七、终末 质量 (4分)	① 操作熟练、正确、有效; ② 关心爱护病人; ③ 污物处置恰当	4		
总分		100		

说明:以一个周期为考核要求,5个循环为一个周期。

考核人:_____　　考核时间:____年 __ 月 __ 日

附件4　井下常用标志及设置地点

附表1　井下常用禁止标志及设置地点

名称	符号	设置地点	名称	符号	设置地点
禁带烟火		煤矿井口或井下	禁止入内		井下封闭区、瓦斯区、盲巷、废弃巷道及禁止人员入内的地点
禁止酒后入井		人员出入的井口	禁止停车		井下禁止停放车辆的地段
禁止明火作业		禁止明火作业地点	禁止驶入		线路终点和禁止机车驶入地段
禁止启动		不允许启动的机电设备	禁止通行		井下危险区、爆破警戒处、不兼作行人的绞车道、材料道及禁止行人的通道口等
禁止送电		变电室、移动电源开关停电检修等	禁止穿化纤服装入井		人员出入的井口
禁止扒乘矿车		井下运输大巷交叉口、乘车场、扒车事故多发地段	禁止放明炮、糊炮		井下采掘爆破工作面
禁止扒、登、跳人车		井下巷道，每隔50 m设一个	禁止井下睡觉		井下各工序岗位和作业区

名称	符号	设置地点	名称	符号	设置地点
禁止登钩		串车提升斜井上下口	禁止同时打开两道风门		井下巷道风门处
禁止跨、乘输送带		链板、带式输送机、钢丝绳牵引运输不许跨越的地方，间隔30 m设置	禁止井下随意拆卸矿灯		入井口、井下工作面
禁止井下攀牵线缆		井下敷有电缆、信号线等巷道内			

附表 2　井下常用警告标志及设置地点

名称	符号	设置地点	名称	符号	设置地点
注意安全		提醒人们注意安全的场所及设备安置的地方	当心坠入溜井		井下溜煤眼、溜矿井、溜矿仓
当心瓦斯		井下瓦斯积聚地段、盲巷口、瓦斯抽放地点、巷道冒高处	当心发生冲击地压		井下有冲击地压的作业区域

附表 2(续)

名称	符号	设置地点	名称	符号	设置地点
当心冒顶		井下冒顶危险区、巷道维修地段	当心片帮滑坡		井下有片帮、滑坡危险地段
当心火灾		井下仓库、爆炸材料库、油库、带式输送机、充电室和有发火预兆的地点	当心矿车行驶		井下行人巷道与运输巷道交叉处,井下兼行人的倾斜运输巷道内
当心水灾		井下有透水或水患地点	当心绊倒		井下地面有障碍物,绊倒易造成伤害的地方
当心煤(岩)与瓦斯突出		井下煤(岩)与瓦斯突出危险作业区	当心滑跌		井下巷道有易造成伤害的滑跌地点
当心有害气体中毒		井下 CH_4、CO、H_2S、NO_x 等有害气体危险地点	当心交叉道口		井下巷道交叉口处
当心爆炸		爆炸材料库、运送炸药、雷管的容器和设备上	当心弯道		井下巷道拐弯处

附表 2(续)

名称	符号	设置地点	名称	符号	设置地点
当心触电		有触电危险部位	当心道路变窄（左、右、正向）		井下巷道前方变窄的地段
当心坠落		建井施工、井筒维修及井内高空作业处			

附表 3　井下常用指令标志及设置地点

名称	符号	设置地点	名称	符号	设置地点
必须戴安全帽		人员出入井口、更衣房、矿灯房等醒目地方	必须桥上通过		井下设有人行桥的地方
必须携带自救器		入井口处、更衣室、领自救器房等醒目地方	必须走人行道		井下人行道两端
必须携带矿灯		入井口处、更衣室、矿灯房等醒目地方	鸣笛		井下机车通过巷道交叉口、道岔口和弯道前20～30 m鸣笛处

附表3(续)

名称	符号	设置地点	名称	符号	设置地点
必须穿带绝缘保护用品		井下变配电所(硐室)	必须加锁		剧毒品、危险品库房等地点
必须系安全带		建井施工处、井筒检修地点	必须持证上岗	持证上岗	井口、配电室、炸药库等必须出示上岗证的地点
必须戴防尘口罩		井下打眼施工、炮烟区			

附表4　井下常用路标、名牌、提示标志及设置地点

名称	符号	设置地点	名称	符号	设置地点
紧急出口(左、右向)		设在井下采区安全出口路线上(间隔100 m)和改变方向处	运输巷道	运输巷道 ←	井下运输巷道
电话		井下通往电话的通道上	指示牌	正在检修 不准送电	根据需要自行设置
躲避硐		井下通往躲避硐室的通道及躲避硐室入口处	路标	←××水平 ××石门　××石门 ××石门→	自行设置

264

附表 4(续)

名称	符号	设置地点	名称	符号	设置地点
急救站		井下通往急救站通道上	避火灾、瓦斯爆炸路线	避火灾、瓦斯爆炸路线 ←	井下躲避火灾、瓦斯、煤尘爆炸的通道上
爆破警戒线	放炮警戒线 ←	井下爆破警戒线处	避水灾路线	避水灾路线 ←	井下躲避水灾的通道上
危险区	XX危险区 ←	井下火灾、瓦斯、水患等危险区附近	避有毒有害气体路线	避有毒有害气体路线 ←	井下躲避有毒有害气体路线的通道上
沉陷区	沉　陷　区 ←	井下地表沉陷滑落区	永久密闭	永久密闭 编号: 材料: 时间:	井下废巷、盲巷入口处
前方慢行	前方慢行 ←	井下风门、交叉道口、弯道、车场、翻罐等须减速慢行地点	测风牌	测　风　牌	井下掘进、采煤工作面等处
进风巷道	进风巷道 ←	井下进风巷道	炮检牌	炮　检　牌	井下采、掘工作面等要求设置的地点
回风巷道	回风巷道 ←	井下回风巷道	瓦斯巡检牌	瓦斯巡检牌	采、掘工作面等要求设置的地点

参 考 文 献

[1] 国家安全生产监督管理总局宣教中心.煤矿从业人员安全生产培训教材[M].徐州:中国矿业大学出版社,2010.

[2] 国家煤矿安全监察局.煤矿安全生产标准化管理体系基本要求及评分方法(试行)[M].北京:应急管理出版社,2020.

[3] 河南省煤炭工业管理办公室.河南省煤矿其他从业人员培训大纲和考核标准(试行)[M].徐州:中国矿业大学出版社,2018.

[4] 李福固.矿井运输与提升[M].徐州:中国矿业大学出版社,2007.

[5] 王启广,李炳文.采掘机械与支护设备[M].2版.徐州:中国矿业大学出版社,2016.

[6] 张吉春.煤矿开采技术[M].徐州:中国矿业大学出版社,2007.

[7] 中国煤炭行业劳动保护科学技术学会.煤矿工人安全技术操作规程指南:采煤[M].北京:煤炭工业出版社,2006.

[8] 中华人民共和国应急管理部,国家矿山安全监察局.煤矿安全规程:2022[M].北京:应急管理出版社,2022.